[PM&スタートアップのための]
はじめての
クラウドコスト管理
インフラコスト×会計の基本

津郷 晶也 [著]

技術評論社

本書に記載された内容は、情報の提供のみを目的としております。したがって、本書を参考にした運用は必ずご自身の責任と判断において行ってください。

本書記載の内容に基づく運用結果について、著者、ソフトウェアの開発元/提供元、㈱技術評論社は一切の責任を負いかねますので、あらかじめご了承ください。

本書に記載されている情報は、とくに断りがない限り、2025年3月時点での情報に基づいています。ご使用時には変更されている場合がありますので、ご注意ください。

本書に登場する会社名、製品名は一般に各社の登録商標または商標です。本文中では、™、©、®マークなどは表示しておりません。

はじめに

　本書は、コスト観点から、クラウド環境を効果的かつ効率的に利用するためのさまざまな手法を解説した書籍です。クラウドコストの管理と最適化に関する基本的な概念から、会社会計におけるクラウドコストの扱われ方、クラウドのコスト最適化に対する考え方や進め方、コストが高いとしばしば言われる代表的なリソースに対するコスト削減施策に至るまで幅広く取り上げています。一定程度クラウド利用を推進している会社や組織、プロジェクトにおいて、コストの見直しを行いたい方々をおもな対象としています。本書は実際の運用経験を元にしており、実際に現場で役立つ具体的な方法も豊富に盛り込みましたので、読者の方々が自社の状況に合わせて応用しやすい内容となっています。

　本書では、さまざまなクラウドサービスに対して汎用的に適用できるコスト管理やコスト削減の手法と考え方を取り上げています。特定のクラウドサービスに特化していないため、各種クラウドサービスでも共通する手法として活用できる重要な考え方を抽出したものとなっています。一方、汎用的な考え方だけでは具体的な適用で困るため、実際に適用する状況を考慮して具体的なサービス名についても触れました。本書を通して、クラウド環境の種類に関係なく適用可能なコスト管理やコスト削減の基礎知識を学びつつ、具体的な技術的アプローチも習得することができます。

　また、本書では実際にコスト削減施策を実施する際に不可欠な優先順や適用順についての具体的な考え方も事例を入れています。本書で扱うコスト削減手法だけでもかなり多くあるため、実際の現場で適用しようと思うとどの施策から適用するべきなのか迷うこともあるかと思います。そのようなとき参考になるよう、よくある2種類の組織（「横断組織」と「各プロジェクトチーム」）それぞれの立場において、実際の場面で直面するであろうシナリオを通じて、理論だけでなく実践的な考え方を身につけられるよう、コスト削減施策の適用優先順について考え方を紹介しています。

　さらに、コスト管理の基礎ともいえる会計に関しても、個人事業主やスタートアップにとっても役立つ情報を提供しています。本書では、クラウドを利活用する際に必要となる予算組みの考え方から、クラウドに限らずソフトウェア開発に関する日常的に役立つ複式簿記に関する知識に至るまでの情報を盛り込みました。これらを活用することで、小規模な組織でもクラウドを怖がらず利用できるようになり、ビジネス成長を支援することが可能になります。

　本書は、クラウドのコスト管理に関心のあるすべての読者にとって、貴重な情報源となるよう幅広いテーマを扱いました。本書で扱うクラウド利用におけるコスト管理に関する幅広い知識が、読者の方のビジネス競争力を高めるための一助となりましたら幸いです。

2025年3月

津郷 晶也

想定読者

本書は、以下のような背景を持つ読者の方々を想定しています。

■──── 会社の状況

- これからクラウドを使って新しくサービスを始めようとしている
- すでにクラウドの利活用がかなり浸透しているが、あまり運用コストを意識してこなかった
- 為替変動の影響を受けてコストの見直しを迫られている
- クラウド移行したが思ったよりコストがかかっている

■──── 読者の役割・知識

- 上記のような会社のIT部門、開発チームのマネージャー、リーダーまたは担当者相当の方
- AWS, Azure, Google Cloudなどのクラウドサービスを使ったWebアプリケーション開発に関わったことがある、または実際に触った経験がある
- オンプレミス環境の一般的なWebシステムの構成について理解がある

想定シナリオ

　本書で想定しているコスト削減のシナリオは、クラウド上に一般的によく見かけるWebシステムが複数台、構築・運用されるまたは構築・運用しようとしている状況においてのコスト削減です。このWebシステムは、フロントエンド、アプリケーション、データベースの3層構造に加えて、各種ファイルを保管するためのストレージも含んでいるようなシステムを想定しています。

　たとえば、特定の開発プロジェクトであれば開発環境、テスト環境、本番環境のように似たような構成が複数存在しています。また、組織横断で考えても勤怠システムや経費精算システム、社外向けサービスを提供するシステムなどいずれのシステムも似たような3層構造に加えて状況によってストレージがあったりなかったりといった構成でしょう。

　特定プロジェクトに所属している立場や、組織横断でシステム管理している立場において、どのようにコストを管理、最適化していくのかを考えていくシナリオを想定した解説となっています。

税務関連の情報について

　本書には会社会計や税金に関する情報がいくつか登場します。いずれも原稿レビュー時点（2024年12月）での情報となります。これらの情報は将来、変更となる場合がある点についてはご了承ください。最新の情報については国税庁や会社登記している自治体の税制をご確認ください。

謝辞

　本書の制作にあたり、多くの方々のご支援とご協力を賜りましたことに心より感謝申し上げます。

　まず、本書の出版に際して多大なる支援をいただいた技術評論社の方々、とくに第5編集部の担当の方々に深く感謝いたします。皆様のご協力なしには本書は完成しえませんでした。

　また、クラウドコストマネジメントに関する専門的な知見を提供してくださった多くの技術者や同僚の皆様にも心より感謝申し上げます。とくに、内容の精査とレビューをしてくださった税理士の神宮明彦さん、同僚の古澤魁さん、登内良太さん、両角博之さん、宮川麻里さんのおかげで、より良い書籍にできたと思います。

　本書の執筆中、長い時間をかけて支えてくれた家族や友人にも感謝します。身近な方々の理解と励ましがあったからこそ、執筆を続けることができました。

　何より、本書を手に取って読んでくださる読者の皆様に心から感謝申し上げます。

本書の補足情報

　本書の補足情報は以下から辿れます。

URL https://gihyo.jp/book/2025/978-4-297-14788-4

目次●[PM&スタートアップのための]はじめてのクラウドコスト管理
──インフラコスト×会計の基本

1章
[ゼロからはじめる]クラウドコスト管理の基礎知識····2

1.1 [速習]クラウドサービス ····2

クラウドサービスの基礎知識 ····2
クラウドサービスの生い立ち ····3
メインフレーム時代 1960年代····3
仮想化技術の登場 1970-80年代····3
インターネットの普及 1990年代····4
クラウドサービスの登場 2006年以降····4
コスト管理に関わるクラウドサービスの特徴 ····4
オンデマンドでのリソース利用····5
スケーラビリティ 垂直方向/水平方向の拡張&縮小····5
高信頼性····6
セキュリティ····6
責任共有モデル IaaS/PaaS/SaaSと責任分担の範囲 ····7

1.2 システム構築・運用のコスト構造 ····8

システム構築、運用で必要なコスト ····8
オンプレミスとクラウドの「コスト構造」の違い ····9

1.3 クラウド利用にあたってのコスト計画 ····10

クラウド導入フレームワーク Cloud Adoption Framework ····10
戦略 strategy ····11
計画 plan ····11
準備 ready ····12
導入 adopt ····12

1.4 クラウド利用時のコストに関わる設計原則 ····13

Well Architected Framework ····13
信頼性 ····14
パフォーマンス ····14
セキュリティ ····15
運用効率化 ····15
コスト最適化 ····15

1.5 なぜ「コスト管理」が必要なのか ····16

コスト管理の必要性 ····16
社会情勢のコストへの影響 エネルギー、半導体、為替、国際情勢ほか ····17
コスト変化はコスト構造の見直し機会····17
コスト変化に対応するための現状把握····17
顧客への価値提供 ····18
信頼性····18
セキュリティ····19
運用最適····19
パフォーマンス····19
顧客提供価値とコストのバランス····19
自社の収益性 ····20
開発コスト····21
運用コスト····21
見えないコストに対する考慮····22

vi

1.6 本書で想定する環境について 22

Webシステムの構成 22
組織構造 23
本書における「クラウドコスト管理」について 23

1.7 まとめ 24

2章
ソフトウェア開発・運用における会計の基本 26

2.1 会社会計 26

会社の財務報告　財務三表 26
　損益計算書　P/L 27
　バランスシート　B/S 27
　キャッシュフロー計算書　CF 28
　財務三表を用いたシステムコストの管理 28
法人に発生する税金 29
法人税 30
　課税所得 30
　クラウド利用料が課税所得に与える影響 31
　法人税率 31
法人事業税 32
法人住民税 32
固定資産税 33
　クラウド移行が固定資産税に与える影響 34
固定資産と減価償却 34
　耐用年数 35
　定額法と定率法 36
　減価償却する際の特例 36

2.2 インフラ調達費の会計 37

クラウド利用料とオンプレミス資産の会計上の違い 37
クラウドコストの会計上の特性 38
　クラウド環境を利用するコスト観点でのメリット 38
　クラウド環境を利用するコスト観点でのデメリット 39
オンプレミス環境の会計上の特性 39
　オンプレミス環境利用するコスト観点でのメリット 39
　オンプレミス環境利用するコスト観点でのデメリット 40
オンプレミスの設備費 40
　土地 40
　建物 41
　設備資金融資 41
　サーバー本体、ネットワーク機器など 42
クラウドの利用料 42

2.3 ソフトウェア開発費の会計 43

アプリケーションの会計上の違い 43
　ソフトウェアの定義 43
自社利用目的のソフトウェア開発/導入費 44
　自社開発 44
　パッケージ購入 44
　SaaS利用 45
市場販売目的のソフトウェア開発費用 45
　研究開発段階 45

vii

製品化段階 45

受注制作のソフトウェア開発費用 45
開発中の費用 46
完成後の処理 46

［参考情報］ソフトウェア開発費の会計 46

2.4 クラウドサービスの予算計画 47

なぜクラウドサービスの予算計画が難しいのか 47

予算の算出方法 48
利用するリソースの特定 48
サービスごとのコスト構造の理解 49
利用予測に基づいた予算算出 50
PoC実施による精度向上 51

予算超過の対策 52

2.5 オンプレミス回帰 54

オンプレミス回帰の背景 54
コストの問題 54
セキュリティやコンプライアンスの不安 55
パフォーマンスの低下 55
障害時の対応への不満 55
クラウド技術者の不足 55

オンプレミス回帰の動向 56

オンプレミスとクラウドのバランス 57

2.6 まとめ 57

3章
コスト最適化の進め方 58

3.1 コスト管理の全体像 58

コスト管理の構成要素 58

3.2 コスト管理の担当 59

なぜコスト管理担当を決めるのか 59

適切な担当者の選定 60
ビジネス的な観点 60
システム的な観点 60
現実的なアサイン 60

コスト管理担当の役割 61

3.3 コスト管理の基本プロセス 61

コスト管理プロセスの全体像 62
コストの可視化 62

アプローチ方法の検討 64

コスト削減の実施 65

3.4 コスト管理プロセスの定着 67

定期的なレビューの実施 67

継続的な学習と適応 67

3.5 まとめ 68

viii

目次

4章
コスト可視化 70

4.1 コスト可視化の流れ 70
コスト可視化するための作業 70

4.2 目標設定 72
目標設定の観点 72
目標コスト 73
目標使用量 73
目標をどのように決めるか 73
ビジネス視点からの目標設定 74
システム視点からの目標設定 75
セキュリティ 75
信頼性 75
パフォーマンス 76
運用自動化 76
技術的な可否 76
目標設定の理想と現実 76
[理想]最初から明確な目標コスト設定 77
[現実]議論を重ねて目標コスト設定 77

4.3 アクセス権の整備 77
アカウント集約の必要性 78
クラウドに対するアクセス権 79
必要なアクセス権 79
サードパーティ製ツールに対するアクセス権 80
アクセス権の設定と管理 80

4.4 タグの整備 81
タグの基本 81
タグ付けの目的 82
タグ付けの実践例 82
システムに関するタグ付け 82
ビジネスに関するタグ付け 83
自動化に関するタグ付け 83
タグ付けする際の注意点 84
機密情報を入れない 84
一貫したタグを適用する 84
タグ変更による影響を検討する 85

4.5 予算設定とアラート 85
予算消化に対する通知設定 85
なぜ通知設定が必要か 85
通知の種類 86
実測値を使った通知 86
予測値を使った通知 87
通知の設定例 88
「月末に予算が超えないか知りたい」場合 88
「急増があった場合に知りたい」場合 89
予算超過させないための工夫 90
高額リソースの作成制限 90
リソース使用量の通知設定 91
コスト異常に対する通知設定 91
コスト異常検出とは 91

ix

通知の設定例 92

4.6 ダッシュボード作成 93

ダッシュボード作成の目的 94

主要なダッシュボードツール 95

クラウドサービス付属の分析ツール 95
サードパーティーのダッシュボードツール 97

ダッシュボードの設計 99

ダッシュボード作成時の注意点 100

データの正確性と完全性 100
パフォーマンスの最適化 100
セキュリティとアクセス制御 100

4.7 まとめ 101

5章
コスト最適化の計画 102

5.1 立場によるアプローチ方法の違い 102

コスト最適化アプローチにおける立場の種類 102

会社全体 103
横断組織 103
各プロジェクトチーム 103

会社全体としてのアプローチ 104

全社戦略の策定 104
契約の最適化 104
人材と文化の育成 105
トップダウンアプローチ 106

横断組織としてのアプローチ 106

コスト削減機会の特定 106
組織やプロジェクト共通リソースの集約 107
ポリシーとガイドラインの策定 108

各プロジェクトチームとしてのアプローチ 109

アーキテクチャの最適化 109
コストを意識した開発 110
チーム内のコスト意識の醸成 110
コストモニタリングと分析 111

5.2 クラウドのコスト最適化支援ツール 112

推奨事項ツール 112

推奨事項を参照する際の注意点 112

5.3 コスト削減のトレードオフ 113

トレードオフの理解と評価 113

コストとセキュリティのバランス 114
コストと信頼性のバランス 115
コストとパフォーマンスのバランス 116
コストと運用の効率のバランス 117

優先順位の設定 118

非機能要求グレードとは 118

5.4 コスト対効果 119

コスト対効果の評価 120

コスト削減効果の定量化 120
施策実施コストの定量化 120
費用対効果を考慮した方針決定 121

目次

効率的なコスト削減戦略 121
　立場の違いによるアプローチの違い 122
コスト削減施策とシステム影響 122
利用中サービスのコスト占有比率 123
　コスト占有率の確認から施策検討まで 123
　コスト占有率が高いことが多いリソース 124
　本書で扱わないリソースに対する考え方 125

5.5　まとめ 125

6章
コンピュートコストの最適化 126

6.1　リソースの削除 126

使われていないものを探して消す 126
コンピュートリソースの削除 127
　使われていないコンピュートリソースの探し方 127
　コンピュートリソース削除時の注意点 127
コンピュートリソースの中身の削除 127
　仮想マシン内に存在する不要ファイルの探し方 128
関連リソースの削除 128
　コンピュートに関連するリソース 128
　消し忘れたリソースの探し方、消し忘れの予防 129

6.2　リソース最適化 130

クラウド時代の仮想マシンスペックの設計 130
自動シャットダウン 131
　各クラウドの自動シャットダウンの実装 131
　自動シャットダウン設定時のポイント 131
システム性能の拡縮方法 132
　垂直スケール　スケールアップとスケールダウン 133
　垂直スケールの注意点 133
　水平スケール　スケールアウトとスケールイン 134
　水平スケールの注意点 134
自動スケール 134
　自動スケール設定のポイント 134
　利用するメトリックの選択 135
　スケールアウト・スケールインの条件 136
　スケールアウトに必要な時間の考慮 137
　リソース使用率の上昇・下降速度に対する考慮 137
　メトリックのゆらぎへの対応 137
　イベントによるアクセス急増への対応 138
システム全体のスペックダウン 138
　クラウド時代のスペックに対する考え方 139
　スペック見直しの方法 139
利用リソースのモデル見直し 139
　仮想マシンのモデル最新化 140
　最新リソース情報の取得方法 140
　異なるCPUメーカーへ変更 140
　仮想マシンモデル変更時の注意点 140
バーストタイプの利用 141
　バーストタイプ利用時の注意点 142
　バーストタイプの利用例 142
スポットインスタンスの利用 143
　スポットインスタンスの特徴 143
　スポットインスタンスの適用先例 144
　スポットインスタンス利用時の注意点 144

xi

6.3　PaaS移行 145

IaaS, PaaS, SaaSの違い 145
オンプレミス 145
オンプレミス環境の特徴 146
オンプレミス環境の注意点 146
IaaS 146
PaaS 147
PaaSの特徴 147
PaaS利用時の注意点 148
PaaSのメリット・デメリットを考慮した適用 148
SaaS 148
なぜPaaSに移行するのか 149
コスト削減 149
運用の簡素化 149
ビジネス価値の向上 150
PaaSへの移行 150
移行プロセスの概要 150
コンテナ化 151
開発環境の検討 151

6.4　価格見直し 152

利用価格プランの最適化 152
予約購入の活用 152
予約購入の特徴 153
予約購入の適用先 153
予約購入の注意点 153
BYOLの利用　持ち込みライセンス 154

6.5　リアーキテクト 155

さらなるコスト最適化を目指して 155
ライセンスコスト削減　OSS利用 155
OSSの選定 155
OSSへの移行 157
OSS移行のメリット・デメリット 157
リージョン見直し 158
帯域料金の最適化 159
近接配置 159
キャッシュの利用 159
データ圧縮 160
新しいサービスへ移行 160
新サービス情報のキャッチアップ 161
新サービス移行の注意点 161
マルチテナント化 161
マルチテナント化の検討ポイント 162
セキュリティ 162
パフォーマンス 162
カスタマイズ性 163
マルチテナント化のメリット・デメリット 163
仮想マシンのストレージ設計 163
最初は小さく設計、必要に応じて拡張 163
データアクセス頻度に応じた設計 164
ストレージのI/Oパフォーマンス 164
アプリパフォーマンスの改善 165
パフォーマンス改善を行うにあたっての注意点 165
パフォーマンス改善の実際 165
パフォーマンス改善で得られるコスト最適化以外のメリット 165

6.6　まとめ 167

7章
ストレージコストの最適化 168

7.1 クラウドのストレージ 168
クラウドストレージの種類 168
ブロックストレージ 169
　特徴 169
オブジェクトストレージ 170
　特徴 170
ファイルストレージ 170
　特徴 171

7.2 リソースの削除 172
使われていないものを探して消す 172
リソース自体の削除 172
不要リソースの識別 172
　アクセスログ確認 173
　重複データの検出 173
　調査時の注意点 173
削除時の注意点 174
リソースの中身の削除 174
　削除対象の探し方 174
　データ削減方法の選択肢 175

7.3 リソース最適化 176
非効率な利用を見直す 176
ティアの見直し 176
　オブジェクトストレージのティア 176
　クラウドサービスが提供するティア 177
ライフサイクル管理 178
　クラウドサービスが提供するライフサイクル管理 178
　ライフサイクルルールとライフサイクルポリシー 178
冗長性の見直し 180
クラウドサービスが提供する冗長化レベル 180
　グローバルな拠点で冗長化 181
　同一国内の遠隔地に冗長化 181
　単一地域内で複数データセンターで冗長化 181
　単一データセンター内の複数ラックで冗長化 181
冗長性見直し時の考慮点 182
　冗長性を決定するまでの流れ 182
　冗長化構成適用時の注意点 182

7.4 価格見直し 183
割引プランの適用 183
ボリュームディスカウント 183
　利用シナリオとメリット 184
　トレードオフとリスク 184
予約容量 184
　利用シナリオとメリット 185
　トレードオフとリスク 185

7.5 まとめ 186

8章

データベースコストの最適化 188

8.1 クラウドで扱うデータベース 188
クラウド上のデータベースの種類 188
IaaSデータベース 189
PaaSデータベース 190

8.2 リソースの削除 191
使われていないものを探して消す 192
リソース自体の削除 192
　対象の探し方 192
　削除時の考慮点 193
リソースの中身の削除 193
　整理対象の洗い出し 193
　削除時の考慮点 194

8.3 リソース最適化 194
非効率な利用を見直す 194
バックアップの見直し 195
　見直し対象の洗い出し 195
　バックアップ見直しの観点 195
レプリケーションの見直し 198
　対象の洗い出し 199
　削減時の観点 200
システム全体のスペックダウン 200
　見直し対象の洗い出し 201
　見直し時の観点 201

8.4 価格見直し 202
適切な料金プランになるよう見直す 202
予約購入の活用 203
　対象の探し方 203
　適用時の注意事項 204
BYOLの適用 205
　Microsoft SQL Serverの場合 205
　Oracle Databaseの場合 206
　BYOL利用時の注意点 206

8.5 リアーキテクト 207
さらなるコスト最適化を目指して 207
バイナリデータの吐き出し 207
　対応方法 208
　注意点 208
ライセンスコスト削減　OSS利用 209
OSSデータベース移行のメリット・デメリット 209
代表的なOSSデータベースと特徴 210
　MySQL 211
　PostgreSQL 211
データベース移行の概要 211
　❶移行対象の選定、移行先の選定 212
　❷評価とテスト 212
　❸移行計画の策定 212
　❹実装と移行 212

目次

❺教育とサポート 212
帯域料金の最適化 212
帯域料金が必要となる通信 213
通信帯域最適化による効果 213
帯域料金最適化の対応 213
DBストレージの設計 214
ストレージタイプの設計 214
ストレージサイズの設計 215
IaaSデータベースの利用 215
IaaSデータベース利用時の注意点 216
冗長性 216
可用性 216
セキュリティ 217

8.6 まとめ 219

9章
運用コストの最適化 220

9.1 運用で必要となるリソース 220
ログの種類と違い 220
ログとメトリック 220
アプリケーションログとシステムログ 222
監査ログと運用ログ 223
ログデータの保管期間 224
法規制に基づく保管期間 224
運用上の要件に基づく保管期間 225
メトリックの保管期間 225
ログ・メトリックの収集で利用できるサービス 225

9.2 リソースの削除 228
運用管理に関わる不要リソースの削除 228
対象の探し方 228
削除時の注意事項 229
バックアップ 229
セキュリティ・コンプライアンス 229
ログ保管ストレージの中身の削除 229
削減対象の探し方 230
ログの場合 230
インジェスト 230
リテンション 231
メトリックの場合 231
インジェスト 231
リテンション 232
削減の進め方 232

9.3 リソース最適化 233
ライフサイクル管理 233
古いログのダウングレード 233
古いログの削除 234

9.4 価格見直し 234
価格レベルの見直し 235

xv

9.5　リアーキテクト……236

監査ログと運用ログの分離……236
長期保管ログをまとめる弊害……236
監査ログと運用ログは要件が異なる……237
対象の探し方……237

9.6　まとめ……239

10章
継続的コスト最適化……240

10.1　継続的なコスト最適化の重要性……240

なぜ継続的に実施するのか……240
市場や技術の変化……241
参加者全員のコスト意識……241

継続的にコスト最適化を行うため……242

10.2　コストレビュー……242

コストレビューの実施タイミング……242
リアクティブアプローチ……243
プロアクティブアプローチ……243
どちらを重点的に取り組むのか……243

コストレビュー実施のポイント　頻度、メンバー……244
コストレビューメンバー……244

コストレビューの観点……245
予算内かどうか……245
想定外はないか……245
レビュー例……245

コスト管理ツール……246
クラウドサービスが提供するコスト管理ツール……246
サードパーティ製分析ツールの利用……246
どちらを使うべきか……247

10.3　情報収集……247

情報収集の必要性……247
技術革新やサービス改善への追従……247
価格プラン変更や価格変動への追従……248

情報収集の方法……248
クラウドサービスが行うイベントへの参加……248
技術コミュニティとの交流……249
教育とトレーニングの実施……249
ケーススタディの分析……250

10.4　まとめ……251

Column
・為替変動とクラウドコスト……25
・FinOpsとは何か……69
・移動平均……90
・コスト削減施策の優先順位　コンピュートコスト編……166
・コスト削減施策の優先順位　ストレージコスト編……187
・コスト削減施策の優先順位　データベースコスト編……217
・コスト削減施策の優先順位　運用コスト編……238

［PM&スタートアップのための］
はじめてのクラウドコスト管理
インフラコスト×会計の基本

1章

［ゼロからはじめる］クラウドコスト管理の基礎知識

　本章では、クラウドコスト管理の必要性について考察していきます。ビジネスの持続性と成長にとって不可欠な要素である利益を最大化するために、効果的なコスト管理は欠かせません。とくにクラウドサービスの利用が広まるなか、コスト管理を社内で適切に実施していくため、これらのシステムのコストがどのような理由で変化しているのか、なぜこうしたサービスのコスト管理が必要なのかを理解するのは重要です。本章で、コスト管理が必要とされる背景や原因について理解を深めましょう。

1.1

［速習］クラウドサービス

　クラウドサービスの基礎を理解するため、その特徴と生い立ちから学びましょう。AWSやAzureなどのクラウドサービスがどのようにオンプレミスと異なる形で、ビジネスの柔軟性や効率化を支えているのか、また、クラウドサービス利用におけるコスト管理の概観についても押さえていきます。

▌クラウドサービスの基礎知識

　AWSやAzure、Google Cloudといった**クラウドサービス**(*cloud services*)は、インターネット経由でさまざまなITリソースを提供するサービスです 図1.1 。たとえば、サーバーやデータベース、ストレージ、開発ツール、AI機能などがあり、これらをインターネットを通じて利用することができます。こうしたサービスは「クラウド」とも呼ばれ、パソコンや会社のサーバーに直接インストールするのではなく、パソコンのブラウザを使ってインターネット越しにアクセスして利用するのが特徴的です。

　一方、クラウドとよく比較される環境に「オンプレミス」(*on-premises*)があります。オンプレミスは、企業や組織が自社内にサーバーやネットワーク機器などのITインフラを設置し、それを自社で管理・運用する方式のことを指します。クラウドと異なり、物理的な装置を含め自社管理が基本となります。

図1.1　オンプレミスとクラウド

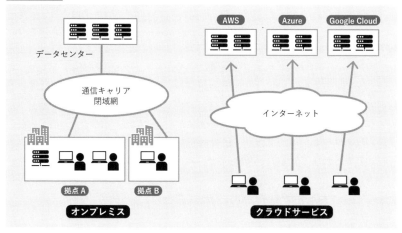

クラウドサービスの生い立ち

オンプレミスからクラウドサービスが登場するまで、どのような変遷があったのでしょうか。ここでは、大まかなクラウドサービス登場の流れについて紹介します。

■──── **メインフレーム時代**　1960年代

コンピュータが登場して仕事の効率化が進む中、最初に登場したのがメインフレーム（*mainframe*）と呼ばれる大型コンピュータでした。メインフレームは非常に高価な機械であったため、「タイムシェアリング」（*Time Sharing System*, **TSS**）と呼ばれる同じシステムを複数の利用者で共有して使う概念が初めて登場しました。現在のクラウドサービスでは当たり前ともいえる「資源共有」の考え方がはじめて登場してきた時代です。

■──── **仮想化技術の登場**　1970-80年代

この頃、IBMからはじめてハードウェア仮想化技術がリリースされました。仮想化技術が登場してきたことで、物理マシンのリソースを複数の仮想マシンに分割できるようになりました。この技術により、1つのサーバー上で複数のアプリケーションを独立して動作させることが可能となり、現在のクラウド環境におけるサーバー仮想化の基盤が築かれたともいえます。なお、こうした仮想化技術が商用として汎用化されたソリューションとしてよく聞くVMware（現Broadcom）のESXiやMicrosoftのHyper-Vといった仮想化技術はもう少し後の2000年頃に登場しています。

1 ［ゼロからはじめる］クラウドコスト管理の基礎知識

■——— インターネットの普及　1990年代

インターネットの起源は、1967年に研究されていたパケット通信のネットワーク、ARPAnet（*Advanced Research Projects Agency Network*, 高等研究計画局ネットワーク）ですが、商用として普及してきたのは1990年代になります。日本だと1993年にIIJ（インターネットイニシアティブ）が最初の商用サービスを提供開始しました。インターネットの普及により、遠隔地にあるデータへ簡単にアクセスできるようになったり、企業が自社サーバーを使ってインターネット上にさまざまな情報やアプリケーション、サービスを提供したりし始めました。この頃、クラウドの原型ともいえる「インターネットを通じたサービスの提供」が一般化しました。

前述したとおり、企業は自分たちでサーバー運用を行おうとしていたため、サーバー運用効率化のため、大規模なデータセンターを運営したりしていました。現在でいう「オンプレミス」が台頭していた時代です。

■——— クラウドサービスの登場　2006年以降

Amazonが「Amazon Web Services」（**AWS**）を立ち上げ、インターネットを介してリソースを提供する初の本格的な商用クラウドプラットフォームが誕生しました。AWSの成功をきっかけに、Microsoft（**Azure**）やGoogle（**Google Cloud**）などもクラウドサービスに参入し、インフラストラクチャーとしてのサービス（**IaaS**/*Infrastructure as a Service*、後述）やプラットフォームとしてのサービス（**PaaS**/*Platform as a Service*）も普及していきました。

また、この頃、各クラウドサービスが自社の「クラウド」と対比するため、旧来の自社データセンターのことを「オンプレミス」と呼ぶようになり、この呼び方が一般的になりました。

■　■　■

現在、クラウドはさらに進化し、エッジコンピューティング（*edge computing*, データの発生源に近い場所でのデータ処理）や、複数のクラウドプロバイダーを組み合わせて最適なサービスを選択するマルチクラウドのアプローチなども広がりを見せています。また、AI・機械学習、サーバーレスアーキテクチャなど、新たな技術の基盤としてクラウドがますます活用されている状況になってきています。

コスト管理に関わるクラウドサービスの特徴

クラウドサービスにはオンプレミスにない特徴がいくつもあります。ここでは、コスト管理にもかかわるクラウドサービスの特徴について紹介します。

■──── **オンデマンドでのリソース利用**

　クラウドサービスは必要なときに必要なリソースを必要量にあわせて柔軟に増減させることができ（＝オンデマンド）、無駄を最小限に抑えられるようになっています。使用した分だけの料金が発生する「従量課金制」によって、初期投資なしで素早く利用開始できる点はクラウドサービスの特徴的な機能です。

　コスト管理の観点からすると良い面と悪い面があります。ベンチャーのようにインフラ投資ができないようなケースで新規サービスを作りたいのであれば、「従量課金制」はとても魅力的で、コスト最適化に寄与します。一方、適切な監視や管理が不足すると予期せぬコスト増大を招く可能性もあります。こうした特徴を理解し、対策しつつ適切に利用することが大切です。

■──── **スケーラビリティ**　垂直方向/水平方向の拡張&縮小

　ユーザーのニーズに応じてリソースを自動的に拡張または縮小（*scalable*）ができます。拡縮の方向は2種類あります。一つは**垂直**方向に拡縮する**スケールアップ・スケールダウン**（*scale-up/scale-down*）で、もう一つは**水平**方向に拡縮する**スケールアウト・スケールイン**（*scale-out/scale-in*）です。

　スケールアップ・スケールダウンは、リソース自体のスペックを増やしたり減らしたりする拡縮方法です 図1.2 。仮想マシンであれば、CPUのコア数やメモリの容量を増やしたり・減らしたりすることで性能を調整する方法です。

図1.2　スケールアップ・スケールダウン

　スケールアウト・スケールインは、同等スペックのリソースの数を増やしたり減らしたりすることで拡縮する方法です 図1.3 。仮想マシンであれば、CPUのコア数やメモリの容量は同等ですが、仮想マシン自体の数を増やしたり減らしたりすることで処理性能を調整する方法です。

1 ［ゼロからはじめる］クラウドコスト管理の基礎知識

図1.3 スケールアウト・スケールイン

■──── 高信頼性

クラウドサービスは世界中でサービス展開されており、そのデータセンターも世界中のさまざまな場所に多数存在しています 図1.4 。

クラウドサービスを利用すると、こうした世界中にある多数のサーバーを使って簡単に高可用性や冗長性を持たせることが可能です。複数データセンターにリソースが分散されているため、障害発生時にもサービスが継続できるような構成を簡単に構成できます。

図1.4 データセンターが展開されるリージョン（AWSの例）

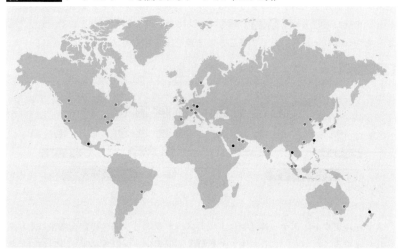

参考 「AWS グローバルインフラストラクチャ」
URL https://aws.amazon.com/jp/about-aws/global-infrastructure/

■──── セキュリティ

クラウドサービスは**物理的なセキュリティ**を任せることができるため、利用者からすると**システム面でのセキュリティ**に集中することができます。たとえば、データ暗号化や不正アクセスの監視、さまざまな認証（*authentication*）を利用し、安全な

システム構成や運用がクラウドサービスでは可能です。セキュリティのしくみも個別にサービスとして提供されているため、必要なサービスを必要な環境に対して適用や構成することができるので、簡単にセキュリティ強化が行えます。

責任共有モデル　IaaS/PaaS/SaaSと責任分担の範囲

一般的にクラウドを利用する際、建屋や設備などのファシリティ（*facility*）やシステムセキュリティに限らず、クラウド事業会社と利用ユーザー企業との間で責任分担が発生します。これら責任分担のことを「**責任共有モデル**」（*shared responsibility model*）と呼び、IaaS, PaaS, SaaSなどの種類によって責任分担の範囲が異なります 図1.5 。

図1.5　　**責任共有モデル**

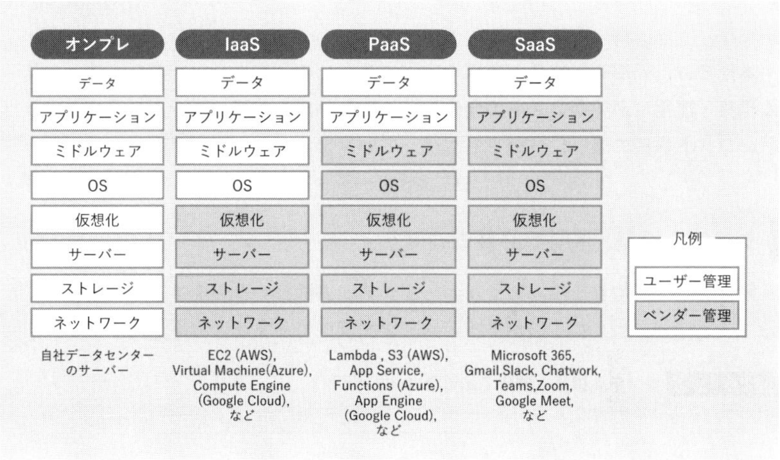

オンプレ	IaaS	PaaS	SaaS	
データ	データ	データ	データ	
アプリケーション	アプリケーション	アプリケーション	アプリケーション	
ミドルウェア	ミドルウェア	ミドルウェア	ミドルウェア	
OS	OS	OS	OS	
仮想化	仮想化	仮想化	仮想化	凡例
サーバー	サーバー	サーバー	サーバー	ユーザー管理
ストレージ	ストレージ	ストレージ	ストレージ	ベンダー管理
ネットワーク	ネットワーク	ネットワーク	ネットワーク	
自社データセンターのサーバー	EC2 (AWS), Virtual Machine(Azure), Compute Engine (Google Cloud), など	Lambda , S3 (AWS), App Service, Functions (Azure), App Engine (Google Cloud), など	Microsoft 365, Gmail,Slack, Chatwork, Teams,Zoom, Google Meet, など	

IaaS（*Infrastructure as a Service*）は、インフラストラクチャ（物理サーバーやネットワークリソース）を仮想化して提供するサービスです。ユーザーはサーバー、ストレージ、ネットワークといった基盤となる機能を柔軟に構築、設定、管理することができるサービスです。IaaSの場合、ハードウェア、ネットワーク、ストレージなど、基盤インフラの管理・運用をクラウド事業者が行い、OSやアプリケーションの設定・保護、データやネットワークの構成、アクセス制御をユーザー責任で行います。

PaaS（*Platform as a Service*）は、アプリケーション開発やデプロイに必要なプラットフォーム環境を提供するサービスです。IaaSと異なり、ユーザーはOSやミドルウェアの管理から解放され、アプリケーションの開発・デプロイに専念できる点が特徴です。PaaSの場合、インフラとランタイム環境（OSやミドルウェア）の管理・運用をクラウド事業者が行い、アプリケーションのコードやデータの管理、アクセ

1 [ゼロからはじめる]クラウドコスト管理の基礎知識

ス制御をユーザー責任で行います。

　SaaS（*Software as a Service*）は、アプリケーションをインターネット経由で利用できるよう提供しているサービスです。ユーザーはソフトウェアをインストールしたり管理したりする必要がなく、すぐに利用できる点が特徴です。SaaSの場合、インフラ、ランタイム環境、アプリケーションにわたる全体の管理・運用をクラウド事業者が行い、アプリケーションの利用に関するデータの管理（例 アクセス権の設定、ユーザー管理）をユーザー責任で行います。

1.2
システム構築・運用のコスト構造

　本節では、効率的なコスト運用を実現するための基礎について学びます。システム構築・運用に必要なコストの全体像について解説した後、オンプレミスとクラウドのコスト構造の違いについても解説していきます。

システム構築、運用で必要なコスト

　オンプレミスやクラウドにかかわらずシステム構築や運用をするうえで必要になるコストにどのようなものがあるのか、まずは見てみましょう 図1.6 。

図1.6　システム構築・運用で必要なコスト

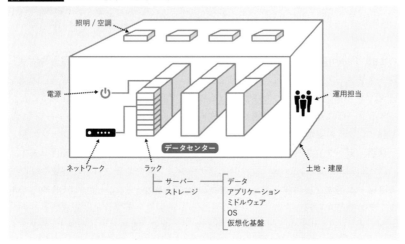

システム構築・運用のコスト構造 **1.2**

　システム稼働させるためにはデータセンターの土地、建屋に始まり、照明・空調、電源などの各種ファシリティが必要です。これらの施設が揃ったら、施設内にネットワーク設備、ラック、サーバー、ストレージといったハードウェアが必要です。また、これらのインフラ要素を適切に配置・運用するためには、運用担当者も必要です。

　さらに、システムを稼働させるためにはOSや仮想化基盤、ミドルウェア、アプリケーションなどのソフトウェアが必要であり、そこに格納されるデータも不可欠です。これらの要素は、初期導入費用だけでなく、日々の運用に伴うコストも発生します。

　物理的に目に見えるものからそうでないものに至るさまざまなものが積み重なって、システムは構築運用されていることがわかります。自社で運用する場合はすべてが自社で調達運用することになりますが、クラウド利用する場合はこれらの費用の内の一部がクラウド事業者に委託されてサービスとしてユーザー企業が利用することになります。

オンプレミスとクラウドの「コスト構造」の違い

　オンプレミス環境とクラウド環境では、システム構築や運用にかかるコストの構造が大きく異なります。以下に、それぞれの特徴的なコスト要素ごとに見ていきましょう。

❶初期導入コスト

オンプレミス環境では、サーバー、ネットワーク機器、ストレージ、ラックなどのハードウェアを自社で購入・設置するため、初期導入に大きな費用がかかる。また、データセンターの土地や建屋、空調・電源などのファシリティも必要で、これらも大きな初期投資となる。一方で、クラウド環境では、ハードウェアの購入は不要で、必要なリソースを必要なときに借りる「従量課金制」が主流。そのため、初期コストを抑えてシステムを構築することが可能である

❷運用コスト

オンプレミス環境では、設備の維持や修理、ハードウェアの更新などの運用コストが定期的に発生する。とくに、ハードウェアの寿命に合わせて更新が必要になるため、定期的にコストが増加する傾向がある。また、データセンター内の空調や電源の管理にもコストがかかる。クラウド環境では、これらのインフラ管理がクラウドプロバイダーによって行われるため、ユーザーはこれらの運用コストから解放される。ただし、クラウドの利用料は継続的に発生するため、使用量に応じて月々の費用が変動する

❸スケーラビリティと柔軟性

クラウド環境の大きな利点の一つがスケーラビリティと柔軟性です。必要に応じてリソースを増減させることができるため、アクセスが増加した際にはリソースを増やし、閑散期にはリソースを減らすことでコストを最適化できる。これに対して、オンプレミス環境ではリソースの追加や削減が容易ではなく、余剰リソースが発生した場合でもその分のコストが発生する

1 ［ゼロからはじめる］クラウドコスト管理の基礎知識

❹セキュリティとコンプライアンス対応
オンプレミス環境では、セキュリティやコンプライアンス対応を自社で行う必要が
あり、専任の人材や設備、対策のための費用が発生する。クラウド環境では、クラ
ウドプロバイダーがセキュリティ対策やコンプライアンスへの対応を提供している
ことが多く、自社での対応コストが軽減されるが、より高度なセキュリティ要件が
必要な場合には追加費用が発生することもある

オンプレミスとクラウドのそれぞれのコスト構造にはメリットとデメリットがあ
ります。オンプレミスは初期コストが高い分、長期間の安定した運用に向いており、
クラウドは初期コストを抑えた柔軟な運用が可能です。システムの目的や使用期間、
予算などを考慮して、最適な選択をすることが重要です。

1.3
クラウド利用にあたってのコスト計画

クラウドサービスを利用するための導入ガイドである Cloud Adoption
Framework をベースに、コスト管理に関わるプロセスを解説していきます。プロ
ジェクトの開始から運用までの間にどのようなコスト管理に関わる考慮点があるの
か本章で解説していきます。

クラウド導入フレームワーク　Cloud Adoption Framework

クラウド利用を前提としたプロジェクトを計画する場合、コスト計画をどのよう
に行っていくのでしょうか。「Cloud Adoption Framework」と呼ばれる「クラウド導
入のための包括的なガイドライン」をベースにコスト管理の大まかな流れを見ていき
ましょう。

Cloud Adoption Framework は、クラウドへの移行や活用を成功させるためのガ
イドラインやベストプラクティスを提供するフレームワークです。これは、クラウ
ドベンダー（AWS, Microsoft Azure など）によって提供されており、企業がクラウド
導入を計画、実行、管理する際のステップや方針をサポートすることを目的として
います。たとえば、Microsoft の Cloud Adoption Framework は、主要なフェーズ（ス
テップ）である**戦略**、**計画**、**準備**、**導入**に加え、全体にわたって考慮が必要な**セキュ
リティ**、**ガバナンス**、**管理**の大きく7つのフェーズに分類されています **図1.7** 。

今回は、これらのうち主要な4フェーズにおけるコスト管理について見てみまし
ょう。

図1.7 Cloud Adoption Framework（Microsoftの例）

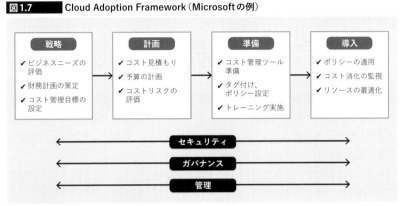

参考「Microsoft - Cloud Adoption Framework Guidance」
URL https://learn.microsoft.com/ja-jp/azure/cloud-adoption-framework/

戦略　strategy

戦略は、プロジェクト開始の最初のフェーズです。まずはビジネスニーズの評価を行います。どのビジネスプロセスでクラウドを使用するかを決定し、コスト管理目標を達成するための優先順位を設定します。あわせて行うのが財務計画の策定です。クラウド投資に伴う初期コストやランニングコストの計画を立て、長期的な財務目標を設定します。このとき策定されるのが、コスト管理目標の設定です。クラウド移行における期待コスト削減額や投資利益率（*Return On Investment*, ROI）を明確化します。

計画　plan

計画フェーズでは、プロジェクトの内容を具体化していきます。アーキテクチャなども設計されてくるので、コストが戦略フェーズよりも具体化されてきます。プロジェクトには予算があるので、コスト見積もりを作成します。構築対象のリソースやアプリケーションを洗い出し、クラウド利用にかかる予算を見積もります。同時に予算についても計画します。各ワークロード（*workload*）の使用量予測に応じてコストが想定されるので、それにあわせて予算を設定します。また、コストリスクについての評価も必要です。見積もりや予測で不確実な部分に関して、コストリスクや変動の可能性を考慮し、緩衝予算を計上しておきます。

1 ［ゼロからはじめる］クラウドコスト管理の基礎知識

準備　ready

　準備フェーズでは、クラウド上にサービスを展開するための準備を行います。コスト管理面だと、コスト管理ツールの準備がまずあります。クラウドプロバイダーが提供するコスト管理ツールや分析ツールを利用できる状態にし、リソース使用量をリアルタイムで追跡できる体制を整えます。そのために必要な施策として、リソースの**タグ付け**と**ポリシー設定**があります。リソースごとのコストを把握するためのタグ付けルールを作成し、会社全体で適用できる命名規則と、そのルールを徹底するためのガバナンスポリシーを策定します。

　タグとは、リソースやサービスに付与できるラベルやキーワードなどのメタ情報を指します。よく見るものはキーバリュー形式で複数の情報が付与できるタイプのものです。タグ付けに関しては4章で詳しく紹介していきます。ポリシーとは、クラウドを利用するにあたってのルールです。利用ルールにはさまざまなものが定義できます。たとえば、開発環境で高コストの仮想マシンを利用しない、開発環境は日中のみ稼働させて夜間は停止する、などです。

　タグ付けやポリシー設定ができれば、それらを利用してコスト分析が行えます。実際はコスト超過の兆候を検知できるよう**アラート**を設定したり、状況確認するための**ダッシュボード**を準備したりします。

　アラートは、特定の条件や状況が発生した際に注意喚起や通知を行うしくみです。たとえば、コスト超過の傾向を検知した際、メールやSMSを通知するようなしくみです。ダッシュボードは、システムやビジネスにおける重要な情報やデータを視覚的にわかりやすい形で表示するツールや画面です。アラートやダッシュボードについても4章で詳しく紹介していきます。

　「タグ付け」「ポリシー設定」「アラート設定」「ダッシュボード作成」の他にも同時に利用ユーザーのトレーニングについても検討、実施していきます。コスト管理のベストプラクティスやツールの使い方について関係者にトレーニングを行い、コスト管理が確実に実行できる体制を整えます。

導入　adopt

　導入フェーズで実際にクラウド上にサービスを展開します。必要なルール作りは準備フェーズで行っていますので、このフェーズでは実際にそれらを適用および運用していくことになります。

　たとえば、コスト管理ポリシーが適用できているかの確認があります。クラウドへサービスを展開していく際、決められたタグ付けが徹底され、リソースが適切に利用されるように管理していきます。また、予算内でサービスが利用されているか

の監視も必要です。クラウド利用が進む中で、実際のコストが予算内に収まっているかを定期的に確認します。

監視していると必要なものそうでないものが見えてきます。監視結果の状況にあわせてリソースの最適化を検討します。たとえばリソースに自動スケーリングを適用して、負荷と使用状況に応じて最適に調整されるようにするなど、コスト最適化の施策を実施してコスト効率を高めるようにします。

1.4
クラウド利用時のコストに関わる設計原則

クラウド設計におけるベストプラクティスである「Well Architected Framework」の5つの柱を通じて、コスト最適化と他の設計原則とのバランスの取り方について解説します。

Well Architected Framework

クラウドをうまく利用していくためのベストプラクティス集として、Well Architected Frameworkないし類する名前の設計原則集がAWS, Azure, Google Cloudからリリースされています。この設計原則は、基本的に以下の5つの柱から成り立っています 図1.8 。

- 信頼性
- パフォーマンス
- セキュリティ
- 運用効率化
- コスト最適化

1 ［ゼロからはじめる］クラウドコスト管理の基礎知識

図1.8　Well Architected Frameworkの5つの柱

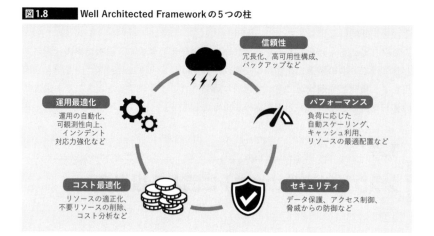

信頼性

　システムが正常に動作し続けるための冗長性や可用性を確保します。システム停止しにくく常に利用し続けられるシステムであったり、仮にシステム停止してもすぐに復帰するシステムになるよう構成します。

　たとえば、単一障害がシステム全体のダウンにつながらないよう、複数サーバーを用意したり複数ネットワークパスを用意したりすることで、システムに冗長性を持たせて**信頼性**の向上を狙う方法があります。また、仮に障害発生してシステム停止したとしても、サービスを速やかに復旧させる手段として、バックアップやフェイルオーバーの構成をとるというのも、信頼性を向上施策になります。

パフォーマンス

　システム利用状況・負荷状況に応じたリソース使用状況になるよう設計します。リソースが適切なサイズで利用されるようにしたり、負荷に応じた使用量になるよう構成します。

　たとえば、アプリケーションの負荷に応じたスペックに見直したり、負荷に応じて自動スケーリングするようにするなど、負荷に応じてリソース使用量を調整できるようにします。また、キャッシュやCDNなどを利用して、リソースの最適化を行うなどもパフォーマンス向上に関わる設計になります。

セキュリティ

システムデータの暗号化、アクセス制御など、脅威からの防御を設計したり、仮に侵入されたとしても素早く対応できるよう、アンチマルウェアの導入や監視について設計します。従来から基本とされるセキュリティ対策は入口対策、出口対策、内部監視の3つです。これら基本対策は境界型セキュリティのときから行われてきた対応と同じですが、昨今はこれらに加えてゼロトラストの原則に基づくセキュリティ対策も検討されます。

運用効率化

クラウドシステムの運用・管理の効率化や改善活動が行えるような設計を行います。わかりやすい設計が運用の自動化としてCI/CDの導入を行う方法です。他にも改善につなげるため、インフラやアプリケーションの可観測性向上を行ったり、インシデント発生時の対応力強化を行うなどが含まれます。

コスト最適化

本書のテーマでもあるコスト最適化はクラウドサービス利用における設計原則の一つに挙げられています。クラウドの利用コストが最適化されるよう、不要なリソースの削除、オンデマンドリソースの適切な利用、コスト分析とモニタリングを継続的に行うなどの設計が含まれます。

コスト最適化の具体的な施策はさまざまありますし、以降の章で詳しく紹介していきます。ここで注意すべきポイントは、ここまでに上げた残りの4つの設計原則(信頼性、パフォーマンス、セキュリティ、運用効率化)はコスト最適化とトレードオフの関係にある点です。他の原則を無視することが可能なら、さまざまな施策を適用できますが、実際の運用では外せない要件もあります。これらのバランスをとることが肝要です。

1 ［ゼロからはじめる］クラウドコスト管理の基礎知識

1.5
なぜ「コスト管理」が必要なのか

クラウドコスト管理がなぜ重要かという問いに対し、本節ではその理由を探ります。クラウドサービスの利用が進むなか、適切なコスト管理がビジネスの効率性と収益性にどのように寄与するかを明らかにします。

コスト管理の必要性

会社や組織の目的がそれぞれ違ったとしても、どのような会社も運営して存続させるためには「利益」を上げ続けることが必須条件です。

利益を上げ続けるため、組織はコストに関して必ず考える必要があります。ただ、一口にコストと言ってもさまざまなものが含まれます。本書では会社で取り扱うITシステム、とくにクラウド上で稼働しているシステムのコストに関して考えていきます。

まずは「なぜコスト管理が必要なのか」その背景や理由について、以下の観点で見ていきます 図1.9 。

- 社会情勢
- 顧客への価値提供
- 自社の収益性

図1.9 コスト管理の必要性

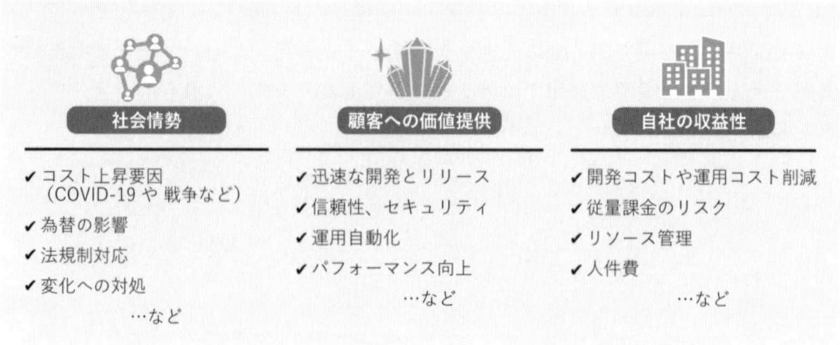

社会情勢	顧客への価値提供	自社の収益性
✔ コスト上昇要因（COVID-19 や 戦争など）	✔ 迅速な開発とリリース	✔ 開発コストや運用コスト削減
✔ 為替の影響	✔ 信頼性、セキュリティ	✔ 従量課金のリスク
✔ 法規制対応	✔ 運用自動化	✔ リソース管理
✔ 変化への対処	✔ パフォーマンス向上	✔ 人件費
…など	…など	…など

社会情勢のコストへの影響　エネルギー、半導体、為替、国際情勢ほか

　クラウドコンピューティングの費用は、前例のない高さに達しつつあります。クラウドコストが高くなる要因はいくつかあります。

　グローバルな視点では、COVID-19（新型コロナウイルス）パンデミックや世界情勢の悪化に伴うインフレによる影響があります。これらの影響により、データセンターのエネルギー費用は上昇しました。半導体などの重要リソースの不足によるデバイス価格の上昇も発生しました。クラウド事業会社はこうした影響をカバーしようと自社努力を一定しつつも、ある程度の費用がクラウド利用料へ転嫁されました。

　日本の場合、為替による影響も無視できません。急激な円安が進むと、クラウド事業会社は為替による影響を反映させるよう動き出し、結果としてクラウド利用料が為替に連動して高くなりました。

　他にも、政治的観点も考える必要があります。わかりやすい例として、ヨーロッパのGDPR（*General Data Protection Regulation*, 一般データ保護規則。EUに住む人の個人情報に対する保護規則）やアメリカカリフォルニア州のCCPA（*California Consumer Privacy Act*, 消費者プライバシー法。カリフォルニア州に住む住民のプライバシー保護規則）に対する考慮があります。こうした規則や法律に則ってシステムを運用しようとした際、特別対応が必要となるため、システムの構築費用に影響が出てきます。

■──── **コスト変化はコスト構造の見直し機会**

　社会情勢を要因とするクラウドコストへの影響はいつ、どこで、どのような内容が影響として発生するかわかりません。その影響は単純なクラウド利用料の上昇だけとは限りません。クラウド利用料は下降するケースもあります。クラウド利用料の上昇は誰しも嫌なことなので対処をすぐに考えますが、本来であればクラウド利用料が下降した場合も対処を考える必要があります。たとえば、システム運用として優先すべきことに余剰予算を回せるようにしてより高い価値を顧客へ提供できるようにするといった対応を考える必要があります。また、前述のとおり、政治的な理由によりシステム自体を改修する必要性に迫られるケースも想定されます。システム改修の内容によっては特別対応として追加のシステムを現地用に開発するなども必要です。

■──── **コスト変化に対応するための現状把握**

　こうした変化に対処できるようにするためには、現状を常に把握しておき、変化にあわせてシステムを最適な状態に保てるようにしておく必要があります。こうした状況を作るためには、企業は、クラウドインフラストラクチャに関する経験が豊富な専門家で構成されたITチームを用意し、適切なサービスの選択、利用方法の最

1 ［ゼロからはじめる］クラウドコスト管理の基礎知識

適化、リスクの軽減に取り組む必要があります。ただし、日本企業の多くのケースでは適切な候補者を社内から見つけ出して組織として構成することが難しいかもしれません。一般的な方法は、クラウドインフラを管理し、必要に応じて24時間体制でカスタマーサービスを提供する外部サービスを利用する方法になります。

また、少し変わった方法として、固定請求を導入する方法もあります。クラウド事業会社によっては、為替影響を固定化できるようなプランを提供しているケースもあります。こうしたプランを利用することにより、為替やエネルギー費用の上昇といった外部要因からコスト変動を防ぐことができます。

顧客への価値提供

クラウドを利用することのメリットの一つに必要なリソースを必要なタイミングで必要なだけ確保できるといった点があります。このような利点を最大限に活用できれば、開発チームはより迅速にシステムを開発、デプロイ・リリースさせることを可能となります。リリースサイクルの短縮は顧客ニーズが複雑化している昨今において素早く検証、修正のサイクルをまわせるようにするため重要な要素です。一般的に、こうした活動を実現するメソッドとして、アジャイルやスクラムといった手法が確立され運用されてきています。

クラウド活用による恩恵には前述した迅速な導入や柔軟性だけでなく、さまざまなものがあります。実際に顧客へ価値提供を行うようなサービスを開発、運用していると、こうしたクラウド活用によって得られる恩恵がコストに対してトレードオフの関係にあることにも気づきます。事業内容や提供サービスによって細かな事情は異なりますが、たとえば以下のようなクラウド活用による恩恵とクラウドコストのトレードオフになります。

- 信頼性
- セキュリティ
- 運用最適
- パフォーマンス

■─── 信頼性

信頼性（どれだけサービス停止・システム停止するか、サービス停止・システム停止したとしてどれだけ素早く復旧できるか）を向上させようとすると、システムの冗長化やバックアップが必要となってきます。複数台稼働させればその分コストが必要ですし、バックアップもデータ量が増えたり保存期間を延ばせばコストが必要となります。システムによってはどうしてもシステム停止できないものであったり、

データが消失してしまうと困るものもあります。

■——— セキュリティ

セキュリティ観点では、セキュリティ対策レベルに応じて導入するシステムが変わり、結果としてコストが段階的に変化することは、以前から認知されていることかと思います。BtoCサービスであれば、侵入検知からウイルス対策、運用監視、外部通信の遮断など、対策しようとするとさまざまなソリューションが提供されています。どこまでやれば安全というものはなく、組織としてどこまで安全性を考慮する必要があるのか考えて対策を選定していく必要があります。当然、その内容はコストにも影響します。

■——— 運用最適

クラウドの良さを最大限に利活用しようとすると、運用の自動化も欠かせない観点になります。アジャイルやスクラムを実践しようとすると、いつまでも手動でシステム更新をしているわけにはいきません。どこかで自動デプロイ・リリースといったしくみの導入が必要です。また、この自動化には自動テストや脆弱性チェックといったセキュリティ的な観点も含まれてきます。自動化する場合、自動化のためのしくみが必要となるので、自動化システムやサービスの利用料がコストとして追加で発生します。

■——— パフォーマンス

システム運用していると最低限担保したいパフォーマンス（画面の応答時間やバッチの処理時間など）といったものが出てきます。パフォーマンスが悪いときによく行われる対応方法は、マシンのスペックアップ（CPUやメモリの増強）や台数増加といった方法です。本来であれば、アプリケーションを改修してパフォーマンス改善することが正しいのですが、こうしたパフォーマンス問題はリリース直前で見つかることも多いので、どうしてもハイパフォーマンスのCPUリソースへ変更することを取ってしまいたくなります。ハイパフォーマンスCPUリソースへの変更は目先のパフォーマンス改善時間を短縮することはできますが、長期的な視点で見ると慢性的なコスト増加につながっています。

■——— 顧客提供価値とコストのバランス

前述した観点はWell Architected Frameworkがベースとなる観点です。これらは顧客価値向上に寄与しますが、一方でコストへの影響もあります 図1.10 。

1 ［ゼロからはじめる］クラウドコスト管理の基礎知識

図1.10 信頼性／パフォーマンス／運用最適／セキュリティとコストのバランス

　たとえば、ビジネス上、重要なデータを扱うサービスである場合、信頼性の向上がシステムとして重要な要素となります。データストレージに対して冗長構成をとったり、バックアップを取ったりやり方はありますが、クラウドを利用すると簡単に構成できますが、機能追加した分のコストがかかります。同様に個人情報を扱うようなサービスであれば、情報を奪取されないようセキュリティ強化が重要な要素です。監視のしくみやサーバー保護のしくみなど、これらもクラウドサービスから提供されているのでシステムへの組み込みは簡単に可能ですが、機能追加して利用すればその分のコストはかかってきます。

　顧客に対して何かしらの価値提供をするためにクラウドの各種サービスを利用すると簡単に実現できますが、コストとバランスを取って実現する必要があることがわかります。こうしたバランスを考えず、とにかくコスト削減といった方法を選んでしまうと、本来失ってはならない顧客の信頼、その先には顧客自体を失いかねません。システムとして何を優先すべきことなのかを明確にしつつ、現状のコスト状況は常に把握して優先順位に従った適切な利用ができているか監視することが重要です。

自社の収益性

　ビジネスでは、収益を増やすだけでなく、コストを効率的・効果的に使えているかを管理することが重要です。コスト管理が不十分だと、ビジネスは財政的な問題を抱え、経営難に陥る可能性があります。ITシステムがビジネスにおいて重要な役割を果たしている現代では、ITシステムのコスト管理も例外ではありません。ITシステムの構築、運用、利活用はビジネス目標に基づいて行う必要があり、投資収益率（*Return On Investment*, ROI）と財務上の制約を考慮する必要があります。財務上の制約については顧客への価値提供と被るので、ここでは投資収益率について考えていきます。

　ITシステムには開発（*Development*）と運用（*Operations*）の大きく2種類のコストが存在します **表1.1**。

表1.1　ITシステムにかかるコスト	システム費	人件費
開発 (*Development*)	PoC (*Proof of Concept*)環境	開発担当
	開発環境	
	テスト環境	
	検証環境	
	本番環境	
運用 (*Operations*)	検証環境	運用担当
	本番環境	

■─────開発コスト

　開発コストとは、新規にITシステムを構築したり、現状のITシステムに対して機能追加したりする際に必要となるコストを指します。昨今、市場のニーズがわかりにくくなっている状況になっており、素早く市場へサービスを投入し、市場の反応から修正を行いながら開発を進めていくスタイルに変わってきています。一般的にはこうした進め方は、アジャイルやスクラムといった名前の開発手法として聞くことが多いかと思います。

　クラウド事業者(**例** AWS, Azure, Google Cloud)は従量課金制を採用しており、利用量に応じて費用が発生します。このようなコスト体系は初期投資を抑えてスタートが可能であるため、不透明な市場ニーズに対して、とても相性が良いものです。ただし、適切に管理しなければ予期しない高額な請求が発生するリスクもあります。

　たとえば、クラウドサービスの料金体系が複雑で予測しにくい場合があり、仮想マシンへの過剰なスペック割り当てや不要なリソースの放置などがコスト増大の原因となることがあります。不透明なリソース管理は無駄が把握できていないため、結果としてコスト増加を招き、ビジネスに悪影響を及ぼす可能性があります。コストの予期しない増大を防ぐためには、クラウドのコスト構造を把握し、定期的にチェックすることが重要です。

■─────運用コスト

　もう一つの**運用コスト**は、開発が終わり、実際にサービス提供を行う際に発生する本番稼働中のシステムとそれを運用する人のコストです。本番稼働中システムにおいて予期せぬコスト増加は、テレビやSNSでの拡散による突発的なアクセス増加といったケースで存在しますが、集客している以上、受け入れられる可能性の高いコストになります。一方で、障害対応やシステムのパッチ管理など慢性的に発生する運用コストも存在します。こうした運用はゼロにすることが難しく、少なからず発生します。ただ、継続的に必要となるコストであるため、通常はコスト削減の圧

力がかかりやすいコストでもあります。

■ ─── 見えないコストに対する考慮
　通常、「コスト管理」といわれるとどうしてもインフラに対してのみ考えがちですが、企業の収益という観点からすると人件費も考える必要があります。現状のコスト構造を理解し、必要とされるインフラの運用コストだけでなく、人件費もチェックすることが重要です。

1.6
本書で想定する環境について

　本書では、一般的なWebシステムの構成と、一般的な事業部制の組織構造を想定しています。この後の章では本節で解説したシステムや組織構造を元にしたコスト管理の手法を解説していきます。

Webシステムの構成

　本書で想定しているコスト削減シナリオの対象システムは、よく見かけるWebシステムの構成をベースとしています 図1.11 。このWebシステムは、フロントエンド、アプリケーション、データベースの3層構造に加えて、各種ファイルを保管するためのストレージも含んでいるようなシステムを想定しています。

図1.11　基本となる想定Webシステム構成

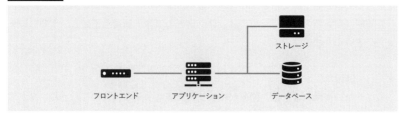

　フロントエンドに相当するのはロードバランサーで、各クラウドサービスが提供するロードバランサーを利用している想定です。アプリケーションに相当するのは仮想マシンで、仮想マシン中に開発したアプリケーションをデプロイして稼働させているような構成です。データベースはとくに構成を問いませんが、仮想マシン中のデータベースまたは各クラウドサービスが提供するデータベースサービスのどち

らかを利用する想定です。ストレージは外部記憶用途で利用するものです。ここではオブジェクトストレージの利用を想定します。

このシステムがクラウド上で動作、運用されている状況において、コスト削減をする手法についてこの後の章で見ていきます。

組織構造

本書で想定している組織構造について補足しておきます。本書で想定しているのは、一般的によく見かける事業部制をとった組織です 図1.12 。各事業部では、事業の収益に直結するようなシステムを開発・運用しています。一方、情報システム部では、会社を運営していくために必要な基幹システムや会社横断的なシステムの開発・運用をしています。

読者の方は、事業部または情報システム部のいずれかの組織に所属している人を想定しています。この後、さまざまなコスト管理や削減の手法を見ていきますが、立場によって優先順やアプローチのやり方が異なるので、立場に注意しながら進めてください。

図1.12　想定する組織構造

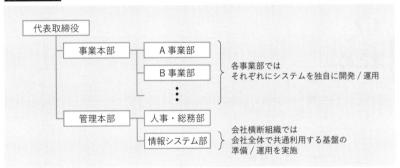

本書における「クラウドコスト管理」について

システム動かすために必要なコストには、さまざまなものがあります。単純な開発費や運用費だけではありません。インフラの初期投資や運用コスト、同様にソフトウェアの開発コスト、保守コスト、またこれを実際に開発・運用していく人に対する人件費などがあります 表1.2 。

1 ［ゼロからはじめる］クラウドコスト管理の基礎知識

表1.2	システムを動かすためのコスト
分類	**コスト**
人（ヒト）	人件費
物（モノ）	初期投資、運用費
ソフトウェア	開発費、改修費

　本書でテーマとする「クラウドコスト管理」とは、システムを動かすインフラとして利用するクラウド環境のコスト管理をおもなテーマとして扱います。ただし、その開発や運用において人件費は切っても切り離せないため、一部で人件費に関わる部分も取り扱います。

　また、本書では、初期開発でのコスト管理なのか、運用におけるコスト管理なのかはとくに分けず対象とできるような考え方や手法について解説していきます。本来、コスト管理という観点からすると、どのフェーズかにかかわらず常に必要なものです。開発初期だから適当なコスト管理でいいかというと、そうではありません。適当なことをしていると気づかないうちに高額リソースを利用して消し忘れていたり、といった事故も起きます。こうした事例も踏まえ、本書ではフェーズにかかわらずコストを意識できるよう、観点や手法を解説していきます。

1.7
まとめ

　本章では、コスト管理の重要性を深く掘り下げ、その必要性について考察しました。コスト管理の必要性に対して考察するポイントには以下のようなものがあります。

- 社会的および経済的な背景
- 顧客に最大価値を提供するためのトレードオフ
- 組織自体の収益性

　本章の重要なポイントの1つは、クラウドサービスのコスト上昇についてでした。コスト増加に寄与する要因として、COVID-19（新型コロナウイルス）やその他の世界情勢などの影響が考えられます。いずれの事象も単なる営利企業である会社単体では不可避な事象であり、受け入れるしかないものです。

　一方、クラウドサービスはビジネス運営においてますます重要な役割を果たしているのも事実であり、クラウドサービスのコスト管理は企業や組織の利益最大化に直結してきます。クラウドサービスのコストは単純に減らすことを目標とすれば良

24

いわけではなく、顧客への価値提供を最大化することは忘れてはいけない要素であり、それを実現するためには、トレードオフとなる信頼性、セキュリティ、運用、パフォーマンスなどとコストとの間でバランスをしっかりと考える必要があります。自社の収益性という観点からは投資収益率が重要な要素であり、検討する際にはソフトウェアやハードウェア費用に対してだけでなく、人件費といった忘れがちなコストに関しても考慮する必要があります。

　本章では、とくにクラウドコンピューティングとITシステムといった文脈において、コスト管理がなぜ不可欠なのかについて検討しました。

Column

為替変動とクラウドコスト

　近年、円安が進行する中、クラウドサービスの利用コストが大幅に増加するケースが増えています。クラウド事業者の料金は通常ドル建てで設定されているため、円安が進むと日本企業の実質的な支払い額が増加します。たとえば、1ドル100円から150円への変動では、同じサービスを利用しても50%のコスト増となります。この影響はとくにIT予算が限られている中小企業や、クラウド利用量が多い企業にとって大きな負担となります。

　為替変動への対策には比較的取り入れやすいものとして、たとえば次のような方法があります。一つは、クラウド事業者が提供する固定価格プランを活用することです。このプランでは、一定期間の料金を事前に確定させることで、為替リスクを回避できます。さらに、リソースの利用効率を向上させ、不要なリソースを削減することでコストの総額を抑えることも重要です。

　クラウド利用が不可欠な現代において、為替変動を意識したコスト管理は不可欠になってきています。企業はクラウドのコスト構造を明らかにし、変動リスクに柔軟に対応できる戦略を構築する必要があるでしょう。

2章

ソフトウェア開発・運用における会計の基本

　本章では、ソフトウェア開発と運用における会計の基本を深掘りし、クラウドコスト管理の前提知識として必要となる会計の主要な概念を学習します。財務報告の重要性から解説を始めて、損益計算書（P/L）、バランスシート（B/S）、キャッシュフロー計算書（CF）といった財務三表の構造とその解釈方法を詳しく学習します。加えて、これら財務諸表が企業の経済的健全性と運営効率をどのように示しているかについても学びます。また、これら知識がITプロジェクトの収益性評価やコスト削減効果の把握にどのように役立つかを具体的な例とともに示しつつ、開発や運用に携わるマネージャーやエンジニアが直面する開発関連費用の会計処理について実務的な対応方法についても学びます。

2.1

会社会計

　会計は会社経営において重要かつ不可欠なプロセスです。本節では、企業がどのような財務報告を作成し、それがどのように経済的健全性と運営効率を示しているかについて学びます。また、クラウドやオンプレミスといったインフラを含むITシステム全体が関わるコストと財務諸表との関連性についても掘り下げていきます。

会社の財務報告　財務三表

　会社が営利企業として活動していくにあたり、必ず財務報告というものを作成しています。財務報告は、国や自治体に対する税金を確定するためだけでなく、会社の経済的健全性と運営効率を示す重要なツールとなっているためです。この財務報告は、おもなものとして損益計算書（*Profit and Loss statement*, P/L）、バランスシート（*Balance Sheet*, B/S）、キャッシュフロー計算書（*Cash Flow statement*, CF）といった三表がおもに含まれます。とくにこれら三表は代表的な財務諸表であるため、特別に財務三表と呼ばれたりします。

会社経営を行っている人の場合、これらを理解、把握しているかと思いますが、大きな会社のメンバーだと株式投資に興味を持っていない限りなかなか触れる機会も少ないかと思います。ただ、これから進めていくクラウドコスト管理に関する前提知識となりますので、ここで概要についてはおさえておきます。

■——— 損益計算書　P/L

損益計算書は、特定の会計期間における企業の収益と費用を示す文書です **図2.1**。この報告書のおもな目的は、特定の会計期間における企業の利益または損失を計算し、会社の収益性を示すことです。損益計算書では、売上総収益から、売上原価、販売管理費、営業外費用などを差し引いて純利益を示したりします。

読者の方々がIT部門や開発チームのマネージャーである場合、プロジェクトの収益性を評価する際にP/Lを活用することができます。たとえば、新しいシステムの開発によるコスト削減の影響をP/Lで把握することが可能です。

図2.1　損益計算書

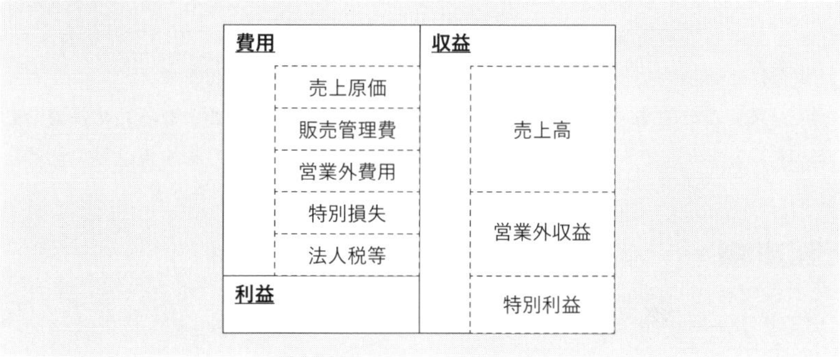

費用	収益
売上原価	売上高
販売管理費	
営業外費用	
特別損失	営業外収益
法人税等	
利益	特別利益

■——— バランスシート　B/S

バランスシートは、特定の日付における企業の資産、負債、純資産を示す報告書です **図2.2**。会社の財政的健全性を一目で理解することができます。資産の内訳（現金、在庫、固定資産など）と、それらがどのように資金調達されているか（借入金、株主からの資金など）を示します。

ITプロジェクトにおいては、開発したシステムやソフトウェアの資産価値をバランスシート上でどのように計上するかも重要なポイントです。たとえば、要件を満たす開発費用は資産化し、バランスシート上の資産を増やして対応します。

2 ソフトウェア開発・運用における会計の基本

図2.2 バランスシート（B/S）

■──── キャッシュフロー計算書　CF

キャッシュフロー計算書は、特定の会計期間における企業の現金の流入と流出を示す報告書です **図2.3** 。これにより、企業がどのように現金を得て、どのように使っているかがわかるようになります。営業活動は本業としてどれくらいの成績だったかを表現し、投資活動は将来に向けた活動にどれくらい当てているかを表現し、財務活動は補助的な活動がどれくらい寄与しているかを表現します。

ITシステムの開発・運用の場合、クラウド利用であれば経費となるため営業活動に直結しますが、オンプレミス利用の場合は固定資産となるため投資活動に影響します。

図2.3 キャッシュフロー計算書（CF）

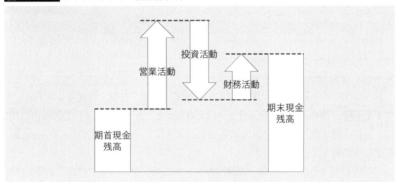

■──── 財務三表を用いたシステムコストの管理

財務三表は、会社がどのように資金を生成し、それをどのように利用しているかを明確にし、将来の戦略的な意思決定に役立ちます。たとえば、損益計算書は収益

性やコスト構造を明らかにし、バランスシートは会社の財務的安定性やリスクの度合いを示し、キャッシュフロー計算書は実際の現金の動きを追跡し、運営活動の効率性を示します。

これらの報告書の理解と分析は、企業活動の現状把握と将来を見通すにあたってとても重要です。加えて、ITシステムの運用コストやクラウド利用コストが各諸表のどこに表れてくるかを理解することは、企業活動に対する影響を制御することと同義になります。つまり、クラウドサービスの利用コストの詳細な追跡と分析ができれば、財務報告書への影響を適切に制御できるようになります。

法人に発生する税金

法人に対してさまざまな税金が課されます 図2.4 。利益に対してかかるものもあれば、取引に対して発生するもの、会社が存在するだけでかかってくる税金など、その種類はさまざまです。

図2.4 法人に課されるさまざまな税金

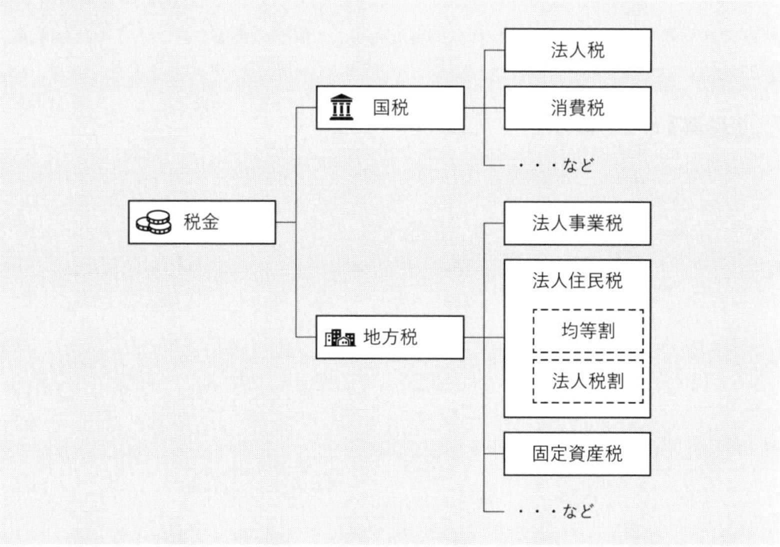

なかでも本書のテーマであるコスト管理に関わる税金のうち、とくに利益に対して発生する税金には以下のようなものがあります。

- **法人税**
  企業の利益に対して課される税金。税率は企業規模や所得額によって異なる

2 ソフトウェア開発・運用における会計の基本

- **法人事業税**
  都道府県が課税する税金。事業活動によって得られる所得に対して課される
- **法人住民税**
  事務所や事業所がある都道府県や市町村が課税する税金。法人住民税は、法人の資本金や従業者数に基づいて課される均等割と、法人が支払った法人税額に基づいて課される法人税割から構成される

さらに、利益に対してではありませんが、オンプレミス構成の場合に必要となる税金として固定資産税があります。

- **固定資産税**
  固定資産の所在する市町村が課税する税金。固定資産の所有者はその資産価値に応じて算出される税額を固定資産の所在する市町村に納税する

法人税

法人税は、企業が生み出す収益に対して課される税金です 図2.5 。その計算は、特定の法令基準に従い、さまざまな調整を加えた「課税所得」に基づいて行われます。課税所得に対して法人税率が適用され、控除された残りが法人税額となります。

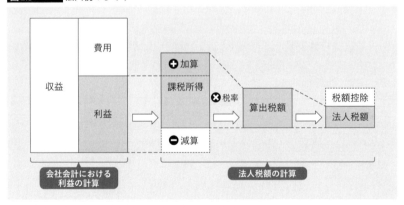

図2.5　法人税のしくみ

■──── 課税所得

課税所得とは、大まかには税法上の収益から税法上の費用を差し引いた金額です。厳密には、会計上の利益について特定の調整が必要となります。具体的には、「収益－費用」で算出される会計上の**利益**に、**加算調整**（企業会計上は費用となるが、税務

会社会計 **2.1**

上は損金として加算するものなど。一定額を超える交際費、寄付金の支出額など）や
減算調整（企業会計上は収益であるが、税務上は益金とならないため減算できるもの
など。法人税等の還付金、一定の受取配当等の額など）を行ったものが課税所得とし
て計算されます。

■──── クラウド利用料が課税所得に与える影響

ここで大事なポイントは税金の観点からすると、できるだけ費用を増やせた方が
課税所得が減らせるため納める税金が少なくなるという点です。クラウドサービス
利用料は費用となるため、全額が利用した年度で計上できます。ただし、クラウド
サービスの初期利用料でカスタマイズ等をした部分は、資産計上の検討が必要です。
また月額利用料を将来の期間分を前払いした場合にも、前払処理をして、利用帰属
する期間に応じて費用計上をする必要があります。一方、オンプレミス環境でサー
バーやルーターなどの電子機器の調達を行った場合、クラウド利用料と同じく費用
にはなりますが、固定資産となるため一定額までしか当年分として費用計上できま
せん。

■──── 法人税率

法人税率は資本金額や年間所得額、法人の種類によって変わります 表2.1 。

資本金の違いの例だと、普通法人で資本金が1億円を超える場合、税率は23.2%
となります。一方、資本金が1億円以下の中小法人では、所得に応じて15%の軽減
税率または23.2%の税率が適用されることがあります。

年間所得の額による違いだと、普通法人で資本金が1億円以下の場合、年間所得
が800万円までは15%の税率が、800万円を超える部分に対しては23.2%の税率が
適用されます。

法人の種類による違いの場合、おもな分類として「普通法人」（例 株式会社、合同
会社など）、協同組合、人格のない社団、公益法人などがあり、それぞれ異なる税率
が適用される可能性があります。

表2.1 普通法人の税率（抜粋）

法人区分	所得区分	税率（%）
資本金1億円以下の法人	年収800万円以下の部分	15.0
	年収800万超えの部分	23.2
資本金1億円越えの法人	-	23.2

参考 「法人税のあらましと申告の手引き/国税庁」
URL https://www.nta.go.jp/publication/pamph/hojin/aramashi2023/01.htm

2 ソフトウェア開発・運用における会計の基本

法人事業税

法人事業税は、事務所や事業所のある都道府県から会社に対して課せられる、法人が行う事業に対する税金です 図2.6 。地方自治体が提供する道路や上下水道などのサービスを享受していることに対する負担という性質の税金になります。

法人事業税は、法人の業種によって付加価値割・資本割・所得割・収入割の4種類があります。

法人事業税については、一定の規模以上の法人に対してのみ課される税割があります。それが付加価値割と資本割であり、まとめて外形標準課税といいます。このほかに、法人の所得額や収入額に基づき課税される所得割や収入割が設けられています。普通法人の場合、資本金1億円超であれば、所得割・付加価値割・資本割が課されます。資本金1億円以下であれば、所得割のみが課されます。

収入割は、電気供給業者やガス供給会社、保険会社など所得額を課税標準にするのが適当でない法人に対して課されます。

図2.6 法人事業税

参考
- 「法人事業税」(総務省)
  URL https://www.soumu.go.jp/main_sosiki/jichi_zeisei/czaisei/czaisei_seido/150790_09.html
- 「法人事業税に係る外形標準課税の概要」(東京都主税局)
  URL https://www.tax.metro.tokyo.lg.jp/kazei/info/gaikei-01.html

法人事業税は、課税標準額に法人事業税率を掛け合わせることで算出されます。このうちの課税標準額に含まれる所得割は各事業年度の所得から導出されるものです。付加価値割は報酬給与、利子、賃借料からも求められ、資本割は資本金額から導出されます。所得割からわかるように所得が下がれば納税額は減ります。

法人住民税

法人住民税は、都道府県および市区町村に事務所や事業所のある会社に課せられる、法人が地域住民の一構成員であることに対する税金です 図2.7 。地方自治体が提供するサービスを享受していることに対する負担という性質の税金になります。法人住民税は「均等割」「法人税割」の2種類から構成されます。

均等割は法人の資本金や従業者数に基づいて一定額が課される税金です。都道府

県民税と市町村民税の両方の支払いが必要で、利益があるなしにかかわらず必ず払う必要のある税金になります。

図2.7 法人住民税（均等割）※

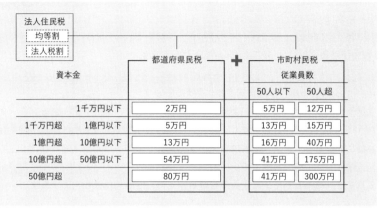

※図表は、一般的な自治体の例であり、均等割に上乗せがある自治体もある。

法人税割は法人が支払った法人税額に基づく税率で計算されます 図2.8 。儲かっている企業ほど支払いが多くなる税金です。逆に赤字（法人税がゼロ）であれば税額がゼロになる税金です。

図2.8 法人住民税（法人税割）

参考 「法人住民税」（総務省）
URL https://www.soumu.go.jp/main_sosiki/jichi_zeisei/czaisei/czaisei_seido/150790_08.html

固定資産税

固定資産税は、地方自治体が徴収する税金であり、不動産や企業が保有する機械設備など、一定期間以上使用される資産に対して課されます。この税金は、その資産が所在する市町村に支払われ、地域のインフラ整備や公共サービスの財源として活用されます。

固定資産税の課税対象となるのは、おもに以下の3つです。

- 土地　　➡所有している土地全体が対象となる

2 ソフトウェア開発・運用における会計の基本

- 建物　　➡住宅、事務所、工場など、建築物が対象
- 償却資産 ➡企業が業務用として使用する機械装置や設備などの資産が対象

　固定資産の評価は、市町村が定める固定資産評価基準に基づいて行われます。土地や建物は、その位置、利用可能性、周辺環境などに応じて評価され、償却資産は取得費や耐用年数に基づいて評価額が算出されます。東京都の場合、求めた評価額（課税標準額）に対して税率1.4％の税金がかかります。

■──── クラウド移行が固定資産税に与える影響

　クラウドサービスの普及により、企業は物理的なサーバーやデータセンターからクラウドサービスへと移行しています。この移行は、固定資産税の観点からも会社会計に影響を与えます。物理的なデータセンターの減少は、土地建物だけでなく償却資産としての機械装置の減少にも直結するため、会社として保有する固定資産が減ります。結果として、固定資産税の負担を減らせる可能性が出てきます。

▌固定資産と減価償却

　資産計上とは、企業が所有する資源を会計帳簿に記録することです。これには流動資産（現金や在庫など短期間で現金化可能なもの）と固定資産（土地、建物、機械など長期間使用するもの）が含まれます。このうち、とくに長期利用が見込まれる10万円以上の備品（IT関連だとPCやサーバー、ルーターなどの電子機器など）は固定資産として別途管理を行います。固定資産は、企業の長期的な運営基盤を形成し、その価値が数年以上にわたって企業の収益に貢献するものと考えられるため、減価償却という会計処理を行います。

　通常の物品は購入したタイミングで全額を経費計上してしまいますが、固定資産（10万円以上の資産）は前述のとおり長期にわたって会社に対する価値提供を行うと考えるため、一定期間（耐用年数）にわたって購入額の資産価値を按分した額を費用として計上していきます 図2.9 。

　なお、土地は利用による価値が減少しない資産と考えられて、減価償却することはできません。

図2.9　固定資産と減価償却

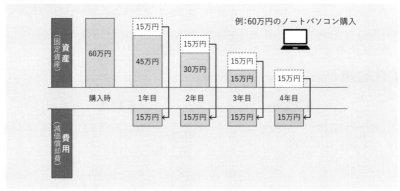

■ 耐用年数

固定資産は法令で資産ごとに**耐用年数**(何年間利用する想定のものであるか)が定められています 表2.2 。たとえば、ノートパソコン(電子計算機(パソコン))は4年、ディスプレイ(その他の事務機器)は5年、サーバー(電子機器(その他))も5年などと決まっています。実際に減価償却費を計算する際はこの耐用年数を用いた費用按分を行って毎年の費用計上を行っていきます。

表2.2　耐用年数(抜粋)

設備の種類	細目	耐用年数
事務機器、通信機器	電子機器(パソコン。サーバー除く)	4年
電子機器(その他)		5年
複写機、金銭登録機		5年
その他の事務機器		5年
家具、電気機器、ガス機器、家庭用品	事務机、事務いす、キャビネット(おもに金属)	15年
事務机、事務いす、キャビネット(その他)		8年
テレビ、ラジオ、音響機器		5年
冷暖房機器		6年
冷蔵庫、洗濯機		6年
室内装飾品(おもに金属)		15年
室内装飾品(その他)		8年
光学機器、写真製作機器	カメラ、望遠鏡	5年

参考 「耐用年数表」(国税庁)　URL https://www.keisan.nta.go.jp/r5yokuaru/aoiroshinkoku/hitsuyokeihi/genkashokyakuhi/taiyonensuhyo.html

2 ソフトウェア開発・運用における会計の基本

■──── 定額法と定率法

　減価償却はこれまで述べてきたとおり、購入した資産価値を定められた耐用年数にわたって費用按分していく会計処理です。この減価償却の計算方法には「定額法」「定率法」と呼ばれる2種類の方法があります 図2.10 。

図2.10　定額法と定率法の償却額推移の違い

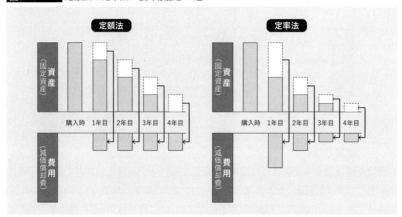

　定額法は、資産の耐用年数に基づき、毎年一定額を償却していく方法です。この方法は償却方法がわかりやすい反面、定率法に比べると費用化が遅くなります。

　定率法は、資産の簿価に一定の率を乗じて償却額を計算する方法です。これは、償却額が年々減少していくような償却を行うもので、固定資産を購入した初年度に資産の価値減少を最も大きく行える方法になります。お金を使ってから費用計上されるまでが定額法よりも早く上がってくるので、使っている立場の実感には近い償却方法になります。

　なお、いずれの方法を使ったとしても資産を利用し始めた初年度に関しては、利用し始めた月から償却を始めるため、月割り（利用月数/12ヵ月）で減価償却を行う必要がある点に注意します。

　また、建物、建物附属設備、ソフトウェアのような無形固定資産は定額法と決まっており、定率法は選べません。

■──── 減価償却する際の特例

　固定資産の基本的な処理は前述までのとおりですが、一括償却資産の特例と少額減価償却資産の特例（2026年3月31日まで）という特別な処理方法があります 表2.3 。

インフラ調達費の会計 **2.2**

表2.3	物品価格と資産としての取り扱い			
取得価格	消耗品	固定資産	一括償却資産	少額減価償却資産
10万円未満	○	-	-	-
10万円以上、20万円未満	-	○	○	○
20万円以上、30万円未満	-	○	-	○
30万円以上	-	○	-	-

　一括償却資産の特例は、取得価格が20万円未満の固定資産を対象に、取得価格を3年間で均等償却できる制度です。この特例は恒久的な特例で、耐用年数にかかわらず3年で償却しきれる点に特徴があります。3年より長い耐用年数の固定資産の場合、一括償却したほうが償却期間を短くできるため、節税につなげやすくなります。

　少額減価償却資産の特例は、中小企業を対象とした特例で、期間限定の特例になっています。執筆時点では2026年3月31日までの期限となっています。毎年の税制改正で延長されてきている特例措置となりますので、今後も処理年度において、この特例措置があるかどうかの確認は必要です。この特例では、取得価格が30万円未満の固定資産を対象に、その年に一括で全額償却できる制度になっています。この制度を利用すると、取得した年に全額費用として計上できるため、その年の利益を圧縮でき、節税につなげやすい施策になります。ただし、取得価格の年間合計額300万円までという上限がありますので注意が必要です。

2.2
インフラ調達費の会計

　インフラ調達に関わる会計処理は、技術選択だけでなく会計観点から検討する際に重要な視点になります。本節では、クラウドとオンプレミスのコスト構造の違いを解説し、それぞれの会計処理方法とその財務上の影響について詳細に解説します。

クラウド利用料とオンプレミス資産の会計上の違い

　資産は数年にわたって償却していくため、なかなか費用化できず会社会計の経費に計上できない点に気をつけなければなりません。一方、最初から費用で計上できるのであれば、その年に経費として売上から引くことができるので税金という観点からは有利になってきます。この資産か費用かという点がオンプレミスかクラウドかの違いに大きく関連します **図2.11** 。

37

2 ソフトウェア開発・運用における会計の基本

前述の内容で推察されるとおり、クラウドコストとオンプレミスコストの計算は会計的に違いがあります。クラウドとオンプレミス環境の選択は、単なる技術的な選択だけではなく、財務戦略にも大きく関わる点に注意が必要です。

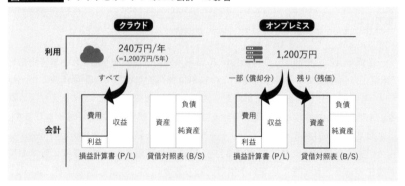

図2.11 クラウドとオンプレミスの会計への影響

クラウドコストの会計上の特性

クラウドコストは、おもに変動費として会計処理されます。これは、クラウドサービスがリソースの使用量に基づいて課金されるためです。たとえば、AWSやAzureのようなクラウドプロバイダーでは、仮想マシン、ストレージ、データ転送量などの利用状況に応じて費用が発生します。このため、クラウドコストは企業の運用活動に直接関連し、その期間の経費として即時に計上されます。これは、企業の財務柔軟性を高める一方で、コスト管理においては予測が難しい側面も持ち合わせています。

■ クラウド環境を利用するコスト観点でのメリット

クラウド環境を利用するコスト観点でのメリットには以下のようなものがあります。

- 柔軟性
- 初期投資の削減

クラウド環境は、企業のニーズに応じてリソースを追加または削減が容易にできるため、変化の激しい現代のビジネス環境においても迅速に対応ができます。その際、大規模な初期投資が不要であるため、とくにスタートアップや小規模企業にとって有利になります。

インフラ調達費の会計 **2.2**

■──── クラウド環境を利用するコスト観点でのデメリット

一方でクラウド環境を利用する際、コスト観点で以下のような注意点も存在します。

- 予測不可能なコスト
- ベンダーロックイン

クラウドサービスの利用料はさまざまな要素に対して課金が行われます。その課金体系は複雑で簡単に理解することができず、予測が難しいものとなっています。クラウドサービスを利用しようとした際、通常の会社運営の中で行われる予算確保が難しくなります（いくらかかるかわからないので、予算が立てられない、判断できない）。また、ある特定クラウドの独自サービス（独自開発されたFaaSやPaaS、CLIツールなど）に依存しすぎると、特定クラウドサービスから抜け出しにくくなり、結果としてサービスの中断や価格変更による影響を受けやすくなります。ベンダーロックインに関してはOSSを利用するなど、システムアーキテクチャの工夫である程度回避することが可能です。便利さとベンダーロックインリスク（急なサービスリタイアや価格変更などのリスク）とのバランスから検討する内容になります。

オンプレミス環境の会計上の特性

オンプレミス環境における初期設置費用は、固定資産として会計処理されます。これは、物理的なサーバー、ネットワーク機器、ストレージシステムなどの資産を購入し、その価値が時間とともに減少する（減価償却）ことを意味します。固定資産の償却は、その資産の経済的な利用期間にわたって費用を按分して計算します。オンプレミス環境は一度に大きな投資が必要ですが、長期にわたって安定したコスト構造を提供することができます。

■──── オンプレミス環境利用するコスト観点でのメリット

オンプレミス環境を利用するコスト観点でのメリットには以下のようなものがあります。

- コストの可視化と予測のしやすさ
- 完全なコントロール

システム構築する際、利用ユーザーなどの想定は一定して行いますが、必要となる機材はどこかで明確に定められます。そのため、予算確保はクラウドよりもわかりやすいものとなります。初期投資が少し必要となりますが、初期投資後の運用コストは比較的安定しており、長期的な財務計画が立てやすい方法になります。また、自社のデータセンターを持つことで、すべての機器が手元で触れるため、完全な制

39

2 ソフトウェア開発・運用における会計の基本

御が可能となります。セキュリティや運用に関して完全なコントロールが可能です。システム開発者としてはまったく正しくありませんが、自社判断でセキュリティパッチの適用を止めたり、アップデートを行わず使い続けるといったことも可能です。

■──── オンプレミス環境利用するコスト観点でのデメリット

オンプレミス環境を利用するコスト観点でのデメリットには以下のようなものがあります。

- 高額な初期投資
- 固定費の増加

オンプレミス環境を準備しようとすると、多数の物理的なインフラストラクチャの購入と設置が必要となるため、初期投資として高額なコストがかかります。加えてそれらの投資は投資した年に全額償却できず、固定資産として耐用年数に定められた年数にわたって維持費用が発生します。こうした費用は長期にわたって企業の財務に影響を及ぼします。

オンプレミスの設備費

データセンターを新規建築する場合は土地と建物を用意するところから始まります。土地と建物が用意できれば、その中に実際に利用するサーバーラックやサーバー、ネットワーク機器といった機材を入れていき、構築してやっと利用ができます。いずれも資産として計上が必要なものです。以下ではそれぞれどのように会計処理されるのか、事例を紹介していきます。

■──── 土地

不動産購入はいきなり本契約で全額振込ということはなく、通常は何度か手続きを経て取得する形になります。各フェーズで必要な経費があるため、そのフェーズごとに仕訳していきます。

- 仮契約時
  最初は土地取得にあたって意思表示をするため、手付金を支払って仮契約を結ぶ。手付金は前払金、印紙代は租税公課で仕訳する

借方科目	借方金額	貸方科目	貸方金額
前払金	21,000,000	現金	21,000,000
租税公課	6,000	現金	6,000

インフラ調達費の会計 **2.2**

- **本契約時**

  本契約時にはさまざまなお金が発生する。各種手数料は支払手数料、購入した土地は土地、印紙代は租税公課で仕訳する

借方科目	借方金額	貸方科目	貸方金額
支払手数料	100,000	現金	100,000
土地	70,000,000	現金	49,000,000
		前払金	21,000,000
租税公課	20,000	現金	20,000

- **不動産登記時**

  土地の所有権を移す手続きを実施し、会社の所有物に変わる。その際に必要となる手続き関連の支払いも仕訳していく。基本的には手続き系の支払いなので、支払手数料として仕訳をし、印紙代は租税公課で仕訳する

借方科目	借方金額	貸方科目	貸方金額
支払手数料	100,000	現金	100,000
租税公課	200	現金	200

■─── **建物**

事業用とで建物を取得する場合、建物分だけを建物として別途仕訳します。

借方科目	借方金額	貸方科目	貸方金額
建物	30,000,000	現金	30,000,000

■─── **設備資金融資**

土地建物を購入しようとした際、現金ですべて支払えるなら良いのですが、資金計画から金融機関の設備資金融資を利用することが多いです。設備資金融資を使う場合、以下のように借入金として仕訳します。頭金は前払金、融資金は借入金で仕訳します。

借方科目	借方金額	貸方科目	貸方金額
現金	20,000,000	借入金	20,000,000
建物	30,000,000	現金	20,000,000
―	―	前払金	10,000,000

また、借入金の返済については、以下のように仕訳します。借入金の元本返済部分は借入金でつけ、利息分は支払利息として仕訳します。

借方科目	借方金額	貸方科目	貸方金額
借入金	90,000	普通預金	100,000
支払利息	10,000	―	―

2 ソフトウェア開発・運用における会計の基本

■──── サーバー本体、ネットワーク機器など

　基本的には10万円を超える電子機器を購入した場合、固定資産として計上します。税務上の特例により、30万円までの物品購入を費用とすることが可能な場合もあります。この場合、30万円を超える電子機器の購入が固定資産として計上になります。

　固定資産に相当する電子機器（サーバーやネットワーク機器など）を購入した場合、工具器具備品として付けた後、耐用年数に応じて減価償却（資産の償却）をしていきます。まず、資産を購入した際には工具器具備品として計上を行います。

借方科目	借方金額	貸方科目	貸方金額
工具器具備品	800,000	現金	800,000

　資産の減価償却も別途計上していきます。減価償却の記帳には「直接法」「間接法」の2種類があります。

　直接法は購入した固定資産の取得価格を直接減らして、減価償却に振り替えていく方法です。

借方科目	借方金額	貸方科目	貸方金額
減価償却費	160,000	工具器具備品	160,000

➡減価償却後の工具器具備品の帳簿価格640,000円

　一方、**間接法**は固定資産の取得価格を直接減らすのではなく、減価償却累計額を計上する方法です。減価償却累計額は、固定資産の取得価格のマイナスの意味合いとなりますので、グロスで減価償却後の固定資産の未償却残高（帳簿価格）が表されます。

借方科目	借方金額	貸方科目	貸方金額
減価償却費	160,000	減価償却累計額	160,000

➡減価償却後の工具器具備品の帳簿価格640,000円

クラウドの利用料

　クラウド利用料はオンプレミスと違い利用額を全額費用として仕訳していきます。一般的には通信費として仕訳することが多く、以下のような仕訳を行います。

借方科目	借方金額	貸方科目	貸方金額
通信費	100,000	普通預金	100,000

　オンプレミス環境の場合と異なり、物品がないため仕訳はかなりシンプルな入力となることがわかります。ただし、クラウド上で動作するアプリケーションの構築はオンプレミス環境と同じで別になります。以降の節で開発費に関しては詳しく紹介します。

ソフトウェア開発費の会計 **2.3**

2.3
ソフトウェア開発費の会計

ソフトウェア開発にかかるコストは会計上、内容によって資産または費用と異なった扱われ方をします。本節では、ソフトウェアが会社の財務諸表にどのように影響を与えるか、また、開発費用が資産化される条件や処理方法についても解説します。

アプリケーションの会計上の違い

インフラ部分に関しては物がある(有形)か物がない(無形)かで資産と費用が簡単に区別できましたが、インフラ上で動かすアプリケーションはややわかりにくい部分です。アプリケーションの区別に関しては基本的に以下の区分に従って会計処理が異なります。

- 自社利用目的のソフトウェア開発・導入費
- 市場販売目的のソフトウェア開発費用
- 受注制作のソフトウェア開発費用

このうち、自社利用目的のソフトウェア開発・導入費、市場販売目的のソフトウェア開発費用についての、会計処理は、収益性(もしくはコスト削減)が確実と見込まれるかどうかで、以下の処理となります。

- 資産 ➡ 長期にわたって収益を生むと考えられるソフトウェア開発費は無形固定資産として計上される
- 費用 ➡ 短期間で消費されるか、収益性が不確実なソフトウェア開発費は費用として計上される[*1]

受注制作のソフトウェア開発費用については、納品までは、仕掛品として資産に計上しておいて、完成納品をした時点(売上の時点)で売上原価に振り替えられます。

■─── ソフトウェアの定義

金融庁の「研究開発費等に係る会計基準」[*2]によると、ソフトウェアは以下のよう

[*1] **注意** 会計上は、収益性が不確実である場合に費用計上が原則となりますが、税法上(税金計算上)は、収益性が不確実なものは、資産計上をする必要があり、会計と税務の処理が異なります。本章では、会計上の処理を説明しています。

[*2] **URL** https://www.fsa.go.jp/p_mof/singikai/kaikei/tosin/1a909e2.htm

43

2 ソフトウェア開発・運用における会計の基本

に定義されています。

> ソフトウェアとは、コンピュータを機能させるように指令を組み合わせて表現したプログラム等をいう。

■ 自社利用目的のソフトウェア開発/導入費

自社の業務改善や収益改善のために導入するシステムやサービスの導入方法にはいくつかあります。代表的なものとして以下のような方法があります。

- 自社開発（外部委託開発含む）
- パッケージ購入
- SaaS利用

■──── 自社開発

自社開発（外部委託開発含む）で発生する費用は、企業が自社の特定のニーズに合わせて新しいシステムを開発するために発生するコストです。この費用には、ソフトウェアの設計、プログラミング、テストなどが含まれます。システム開発は一般に時間がかかり、大規模な投資が必要です。開発されたシステムは、企業の特定の業務プロセスに特化していることが多く、他の企業には適用できない場合があります。

このタイプのソフトウェアは、将来的な収益獲得やコスト削減を見込むもので、無形固定資産として資産計上され、耐用年数に応じて減価償却します。

借方科目	借方金額	貸方科目	貸方金額
ソフトウェア	1,500,000	現金	1,500,000

■──── パッケージ購入

パッケージソフトウェアの購入費用は、その価値が長期間にわたる場合には無形固定資産として計上し、減価償却します。

借方科目	借方金額	貸方科目	貸方金額
ソフトウェア	280,000	現金	280,000

無形固定資産で計上する場合

ただし、取得価額が固定資産の条件を満たさない少額の場合（10万円未満の場合）は一括で費用処理することもあります。

借方科目	借方金額	貸方科目	貸方金額
消耗品費	30,000	現金	30,000

経費で計上する場合

ソフトウェア開発費の会計 **2.3**

■——— SaaS利用

昨今はクラウド型の実態を持たないサービスだけのものも増えてきました。こうしたサービスの利用料は、継続的なサービスの利用に対する費用であるため、通常は経費として計上します。計上する際は「通信費」として経費計上するのが一般的です。

借方科目	借方金額	貸方科目	貸方金額
通信費	1,680	現金	1,680

市場販売目的のソフトウェア開発費用

市場販売目的のソフトウェア開発は、一般に不特定多数のユーザーに販売することを目的としたソフトウェアの開発を指します。費用計上の方法は開発段階によって異なります。

- 研究開発段階
- 製品化段階

■——— 研究開発段階

いわゆるPoC（*Proof of Concept*）のような研究開発段階では、制作しているソフトウェアが利益に結び付くかどうか未確定であるため、発生する費用は一般的に「研究開発費」として費用処理します。販売に供する製品マスターを作成する段階のうち、製品化目途が立つより手前までの段階を指します。

借方科目	借方金額	貸方科目	貸方金額
研究開発費	10,000,000	未払金	10,000,000

■——— 製品化段階

製品マスターを作成する段階のうち、製品化の目途が立った段階から市場販売目的のソフトウェアは「無形固定資産」として資産計上することになります。

借方科目	借方金額	貸方科目	貸方金額
ソフトウェア	1,500,000	未払金	1,500,000

受注制作のソフトウェア開発費用

受注制作のソフトウェアとは、特定顧客の要望に基づいて個別制作されるソフトウェアです。このタイプのソフトウェア開発はその開発進行の特徴から請負工事の会計処理に準じて処理するものとされています。工事進行基準だと、開発工程が進むにつれて、発生したコストに応じて収益を計上します。この方法を使うと、開発

期間を通じて費用と収益のマッチングが行えます。大まかな会計処理のイメージは以下のようになります。

■──── 開発中の費用

開発中に発生する費用は通常の清算を行って計上していきます。ソフトウェア開発に直接関わる人員の費用は労務費、通信費や備品などの経費といった形でつけていきます。

借方科目	借方金額	貸方科目	貸方金額
労務費	1,000,000	現金	1,500,000
経費	500,000	貸方	9999

開発中のソフトウェアは、完成するまで「仕掛品」として計上されることが一般的です。

借方科目	借方金額	貸方科目	貸方金額
仕掛品	1,500,000	労務費	1,000,000
		経費	500,000

■──── 完成後の処理

ソフトウェアが完成し、顧客に引き渡された時点で、収益を全額認識します。このタイミングで仕掛品は売上原価として計上します。

借方科目	借方金額	貸方科目	貸方金額
売上原価	1,500,000	仕掛品	1,500,000

▌[参考情報]ソフトウェア開発費の会計

以上、ソフトウェア開発費の会計に関する参考になるサイトなどを紹介しておきます。

- 「システム開発費・ソフトウェア導入費の減価償却方法｜資産・費用の判断基準や耐用年数も解説 2025 年最新版 」
  URL https://system-kanji.com/posts/system-development-depreciation
- 「ソフトウエアの会計処理｜耐用年数・勘定科目」
  URL https://advisors-freee.jp/article/category/cat-big-03/cat-small-10/15433/
- 「研究開発費等に係る会計基準」（金融庁）
  URL https://www.fsa.go.jp/p_mof/singikai/kaikei/tosin/1a909e2.htm
- 「会計ソフトやライセンスを購入した場合の勘定科目と仕訳例」
  URL https://biz.moneyforward.com/accounting/basic/45995/#i-8
- 「受注制作のソフトウェアの仕訳方法」
  URL https://keirinooshigoto.com/2138#toc4

2.4 クラウドサービスの予算計画

クラウドサービスの導入をする際、予算計画が必要となりますが、予測が難しいという問題があります。本節では、クラウドの変動費性と多様な課金体系を理解し、効果的な予算計画を立てるための戦略とツールについて詳しく解説していきます。

なぜクラウドサービスの予算計画が難しいのか

現代のビジネス環境では、クラウドサービスの導入が急速に進んでおり不可避な状況にあります。この背景としてはDX（*Digital Transformation*）の要求、リモートワークの増加、ビジネスの柔軟性と効率性の向上への需要といったものがあります。しかし、この変化は企業に新たな課題をもたらしており、その中でもとくに予算計画の複雑さが顕著です。

予算計画を難しくしている要因として、図2.12 のようなものがあります。これを踏まえて以下では、「変動するコスト構造」「多様なサービスと料金体系」という観点で考えてみましょう。

図2.12　予算計画を難しくする変動するコスト、多様な料金体系

クラウドサービスのコストは「従量課金」と呼ばれる使用量に応じて変動するしくみです。コスト最適化という観点で言えばこれ以上ないくらいに会社にとって良いしくみですが、予算計画という観点からすると少し厄介です。従量課金は従来の固定的な資本支出とは異なり、運用内容に従った流動的な支出が主流になります。わかりやすい例として、需要（ユーザーからのリクエスト）に応じたスケーリングがあります。クラウドサービスは需要に応じてスケーリング可能ですが、これが予期しないコスト増加を引き起こすこともあります。こうした変動性が予算計画を複雑にしています。

2 ソフトウェア開発・運用における会計の基本

　昨今、各クラウド事業会社は多様なサービスを競うようにリリースしています。どのサービスも基本的には現状よりも便利に効率良くシステム開発や運用ができるようなものとなっていますが、サービスによって課金体系が異なる点は予算計画の観点からすると厄介なものになります。また、昨今**マルチクラウド**（複数のクラウド事業会社を利用）や**ハイブリッドクラウド**（オンプレミスとクラウドの複合利用）といった異なる環境のハイブリッド構成も当たり前になっています。クラウド事業会社によって似たようなサービスはあっても料金体系は異なります。これらのサービスを理解し、適切に管理することは予算計画において重要です。

予算の算出方法

　クラウドサービスにおける予算算出は、従来のIT予算とは異なるアプローチが必要となります。変動するコスト構造や多様なサービスと料金体系によるものが原因として考えられるものでした。こうした要因に対し、予算算出する際には、以下のような観点を含めてアプローチします。

- 利用するリソースの特定
- サービスごとのコスト構造の理解
- 利用予測に基づいた予算算出
- PoC実施による精度向上

■───── 利用するリソースの特定

　企業でクラウドサービスの予算計画を作成する際、まずは利用するリソースを特定する必要があります。一般的にはシステム化要件定義や設計などのフェーズで作成されるアーキテクチャ図に含まれるリソース群です。具体的なリソースの選定は、プロジェクトの目的や必要性に応じて決定していきます。

　このタイミングで特定するリソースには、仮想マシン、ストレージ、ネットワークリソースなど、さまざまなものが含まれます。利用するクラウドサービスによって課金体系が異なるので、何を使うのかをまずは特定することが大切です。

　たとえば、一般的なWebサービスをAWSで構築する場合、画面2.1 に示すようなアーキテクチャ図を描きます。この粒度で描く場合、描かれているリソースは4種類だけですが、実際には仮想ネットワークやインターネットと通信するためのゲートウェイなど見えていないリソースが存在する点に注意が必要です。細かく描かれている場合は問題ないかもしれませんが、粒度が荒いアーキテクチャ図の場合は注意が必要です。ここでのポイントは課金対象になるリソースを特定することです。アーキテクチャ図を参考に課金対象となるリソースを 表2.4 のように洗い出します。

48

画面2.1 一般的なWebアプリケーションのアーキテクチャ例（AWSの場合）

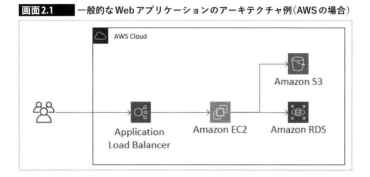

表2.4 一般的なWebアプリケーションで必要なリソース例（AWSの場合）

リソース名	スペック	数量
Amazon VPC	—	1
AWS Internet Gateway	—	1
Application Load Balancer	—	1
Amazon EC2	m5.large	2
Amazon S3	標準	1
Amazon RDS	MySQL	1

　なお、設計する際には各クラウドベンダーが出しているCloud Adoption Frameworkを利用してコストモデルを考え、Well Architected Frameworkに従って、以下のような観点で現状の設計に漏れがないか確認すると良いでしょう。

- セキュリティ
- 信頼性
- パフォーマンス
- 運用自動化

■──── サービスごとのコスト構造の理解

　AWS, Azure, Google Cloudなど、クラウドサービスプロバイダーごとにそれぞれ独自の料金体系を持っています。また、利用するクラウドサービスの種類（例 IaaS, PaaS, SaaS）によってもコスト構造が異なるため、それぞれの特性を理解および説明できるようになる必要があります。

　コスト構造の理解においては、前の手順で特定した利用予定のサービスに対し、どのような料金体系なのかの調査を行います。使用予定のサービスに対して、SKU（*Stock Keeping Unit*, 価格レベルのこと）だけでなく、従量課金がどのような値によっ

て決定されるのか確認します。たとえば、トラフィック量、使用容量、APIの呼び出し回数、利用時間など課金のしくみはリソースによって異なります。また、リソースの種類によっては複数の料金体系が組み合わさっているケースもあります。ストレージサービスはそうした例の1つで、単純な容量に対する課金だけでなく、トランザクション数(読み書きの回数)による課金があるケースもあります。

先ほどの一般的なWebアプリケーションを例にAWSの場合の課金のしくみを整理してみると、**表2.5** のようになります。実際にはこのように各サービスごとの料金体系を整理しておきます。整理をする中で、クラウド利用料が高くなることが懸念される場合、代替手段や回避手段などのアーキテクチャの見直しを行っていきます。

表2.5 一般的なWebアプリケーションで必要なリソースの料金体系例(AWSの場合)

リソース名	料金体系
Amazon VPC	なし
AWS Internet Gateway	なし
Application Load Balancer	稼働時間あたり, データ転送量あたり
Amazon EC2	指定スペックの稼働時間あたり
Amazon S3	保存ストレージ量あたり, API実行回数あたり
Amazon RDS	指定スペックの稼働時間あたり, ストレージ容量あたり

■——利用予測に基づいた予算算出

コスト構造が理解できれば、その構造に従って利用予測を行い、予算を算出していきます。前までの課金体系がわかっても、どれくらいの値に設定したらよいのかがわからなければ最終的な利用料の見積もりができません。ここでは、見積もりを出すために必要となる前提を整理し、その情報を元に見積もりへつなげていきます。

利用予測を行う際、最初に行うのは以下のような値の推測です。

- 利用ユーザー数
- アクセス数
- 代表的なワークフロー
- 同時アクセス数

上記のような値を参考に、利用するリソースごとに課金体系に従って使用料を算出していきます。実際に求める際は、過去の利用データや、事業の成長予測などをもとにした計算を行います。過去知見を利用する方法の場合、過去のデータ転送コスト、ストレージコスト、計算リソースのコストなどをあらかじめ調査しておき、そのままクラウドサービス料金へ適用してみる方法が想定しやすい方法になります。この際、ピーク時とオフピーク時の使用量の変動も考慮に入れるとより精度が高く

なります。

　新規システム構築の場合はまったく予測がつかないケースもあります。ただし、そのような場合でも通常はシステム開発における投資対効果の観点から少なからず事業として想定している状況があります。そのような想定状態には利用ユーザー数やアクセス数などの情報が含まれているので、このような情報を集めてきて利用します。

　予算算出する際、各クラウドサービスに利用料計算を補助する料金計算ツールと呼ばれるツールの提供があるので、こうしたツールを併用すると見積もりが取りやすくなります 画面2.2 。

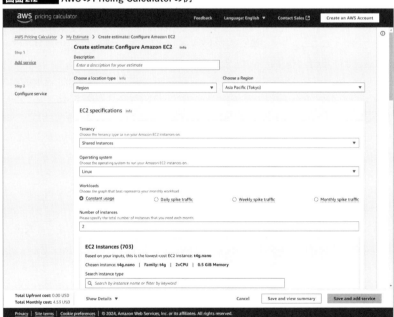

画面2.2　AWSのPricing Calculatorの例

　いずれの方法にしても、予測は完璧でなくてもかまいませんが、可能な限り現実に近い数字を出すことを目指す必要があります。また、予算算出に際しては、過去の使用データや予測データを活用して求めた値に対し、適切なバッファーを検討しておくことも重要です。

■──── PoC実施による精度向上

　PoC（*Proof of Concept*）は、実際のデータと環境を用いて実証実験を行うことです。このPoCを行うと、実クラウドサービス環境を利用するために必要なコストがより正確に予測可能となります。よくある見積もり方法として過去実績や事業予測など

2 | ソフトウェア開発・運用における会計の基本

を使って推定をしたりしますが、それでもコスト観点で漏れているサービスがある可能性があるので、PoCを行うことで予算の精度を上げるようにします。

コスト管理の観点だと、PoCは以下のような観点を確認するために実施します。

- 実現性
- 効果とコスト

最初は机上でアーキテクチャを描きますが、実際に構築しようとするとうまくいかないことがよくあります。想定しているアーキテクチャが本当にそのとおりに実装できるのか、足りないものはないのか、こうしたことを確認できるのがPoCです。PoCを実施することで見落としていたリソースや構成を洗い出すことが可能です。

また、PoCでは実際にクラウド上で本番想定環境を小さくした環境を構築するので、本番で必要となるコストの種類や課金体系の洗い出しにも役立ちます。クラウドサービスはさまざまなリソースがあり、それぞれに課金体系が異なるため、すべてを机上で洗い出すのはかなり難易度の高い作業です。一方、PoCを実施すれば、請求明細にてリソースごとにかかったコストを確認できます。机上である程度調べた上で、PoCを実施することでより精度の高い予算作成につなげられるようになります。

PoCを計画する際には、目標とする成果（前述の実現性やコストを明らかにするなど）、テストするサービス、期間、予算などを明確に設定しておきます。なんとなくで始めてしまうと実施している最中にあれこれ追加確認をはじめて目的を見失ってしまうことがあります。そうした事態を避けるためにも小規模開発だからと適当にすすめるのではなく、ゴール設定は明確にして始めることがお勧めです。なお、PoCは本番を模した小さな環境なので、予算も前節までに検討した内容を縮小した上で検討を行う点に注意します。

計画が終われば、想定データと環境を用いてサービスをテスト構築していきます。まず最初は想定どおりに構築してアプリケーションが動作できそうか確認することが必要です。動作確認までできれば、続いて予想されるリソース使用量を測定していきます。最終的には必要なリソースの一覧とそれぞれのコストが請求書に表れてくるので、それらの値を確認し、実サービス展開時の参考値とします。

予算作成においてこれらのステップを踏むことで、クラウドサービスの利用における効率的かつ現実的な予算計画を立てることができます。とくにコストに敏感なプロジェクトや、はじめてクラウドを導入する場合、これらの手法を適用することで、無駄なコストを避け、成功に近づけることが期待できます。

予算超過の対策

クラウドサービスの利用において、予算超過は一般的に想定される問題です。従

量課金であるデメリットとして急なアクセス増や消し忘れによる想定以上のコスト増が考えられるためです。この問題は、企業の財務状況に悪影響を及ぼすだけでなく、プロジェクトの遅延、追加の資金調達、全体的なビジネス戦略の見直しといった問題を引き起こすこともあります。さまざまな問題につながっていく可能性があるため、何かしらの予防策や事後対策を検討しておくことが重要です。

予算超過を防ぐ予防策には以下のようなものがあります 図2.13 。

- 精度の高い予算計画
- 定期的なモニタリング
- アラート設定

図2.13　予算超過を見越した対策

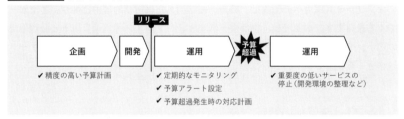

予算超過の予防策で最もわかりやすいものが精度の高い予算作成です。PoCを行うなど、初期段階で可能な限り精度の高い予算計画を策定することが重要です。

ただ、実際稼働した後、コストがどうなるかはわかりません。定期的なコストモニタリングとコスト費消状況のレビューを行うことで、予算超過の兆候を早期に発見し、迅速に対応することができます。

モニタリングにあわせて準備したいのがアラート設定です。予算に近づいたり、超過したりした場合にアラートを発するようあらかじめ設定しておきます。こうした事前準備により、予期せぬコスト増加に迅速に対処できるようになります。

いくら周到に準備したとしてもそのとおりにならないのが現実です。予算超過を想定した事前準備もしておくと良いでしょう。

- 予算超過発生時の対応計画

予算超過が起こる原因として何が考えられるでしょうか。たとえば、BtoC向けサービスの場合、テレビやSNSなどで話題になると急激にアクセスが増えることはよくある話です。こうした状況を想定して上限を決めておくことや、リソースの重要度をあらかじめ定義しておき、予算超過が見えた場合に重要度の低いものを強制的に停止するといった方法をあらかじめ検討しておきます。

予算超過はクラウドサービス利用において避けられない問題かもしれませんが、

2 | ソフトウェア開発・運用における会計の基本

適切な計画、定期的なモニタリング、そして迅速な対応によってその影響を最小限に抑えることが可能です。これには、事前の明確な予算設定、定期的なコストのレビュー、そして必要に応じて迅速な対応策の実施が不可欠です。効果的な予算管理と対応計画により、企業はクラウドサービスを効率的に利用しながら財務状況を適正化させることができます。

2.5
オンプレミス回帰

オンプレミス環境への回帰は、特定の戦略的または財務的理由に基づいて上がってくる意見です。本節では、クラウド環境とオンプレミス環境のコストと管理面での違い、そしてなぜ企業がオンプレミスに回帰するのか、その理由と実際のケーススタディを紹介します。

オンプレミス回帰の背景

筆者自身も昨今、オンプレミス回帰の話題を見かけたり聞いたりすることがあります。なぜ、オンプレミスへの回帰が検討されるようになってきているのか、その背景や理由として以下のようなものがあります。

- コストの問題
- セキュリティやコンプライアンスの不安
- パフォーマンスの低下
- 障害時の対応への不満
- クラウド技術者の不足

■──── コストの問題

多くの企業がクラウドへの移行を進めましたが、予想外にコスト増加が発生して問題となっているケースがあります。たとえば、アプリケーションが想定よりも利用されてコストがかかるようなケースがあります。これにはいくつかのパターンがあります。システム構築する際、失敗してやり直してを繰り返す中で消し漏らしをした、設定を誤って高額なリソースを利用してしまった、予算策定時の見積もりに漏れていたリソースがあり思ったよりかかっている、などのパターンがあります。クラウド化によるコスト削減を期待していた企業にとっては、理由はどうであれ、コストが想定よ

りかかっている事実がオンプレミス回帰を検討する大きな理由となっています。

■──── セキュリティやコンプライアンスの不安

各クラウドではCISやNIST、PCI DSS、FISCなどさまざまな団体の定めるセキュリティやコンプライアンス基準に準拠しています。基本的には設計や実装が正しく行えるならクラウドでもオンプレミスでもどちらでも同じだと考えられますが、とくに機密性の高いデータを取り扱う組織では、オンプレミス環境の方がセキュリティリスク管理に優れていると考えられることがあります。こうした考えがオンプレミスへの回帰の動機となる場合があります。

■──── パフォーマンスの低下

クラウドでは汎用サーバーを複数ユーザーと共有するため、処理パフォーマンスが低下するリスクがあります。

代表的なものとして、「Noisy Neighbor」（うるさい隣人）と呼ばれる問題があります。これは、CPUやメモリといった計算リソースを異常に消費して他人の利用を阻害するような問題を指します。クラウドサービスは複数ユーザーと共有しているため、誰かにCPUやメモリといった計算リソースを異常に消費されてしまうと、同一物理マシン上で稼働しているほかのユーザーが迷惑をこうむってしまう可能性があります。こうした問題を避けるため、クラウド上のリソースを自分たちだけで専有させるオプションもありますが、往々にしてこのようなオプションは高額になりがちです。一方で、オンプレミス環境は最初から自分たちだけの専有環境であるため、物理リソースの費消状況をモニターし、安定したパフォーマンスを提供することが可能です。

■──── 障害時の対応への不満

クラウド環境では障害発生時の対応はクラウドベンダーに依存しますが、これが企業側での原因把握や改善策の検討を困難にし、不満を生じさせることがあります。BtoC向けサービスのようなケースだと、対外的な説明が必要となりますが、クラウド事業者側から詳細な情報が出てくるまたは対外的に説明可能な情報が出てくるかどうかわかりません。こうした説明のしづらさといった観点からクラウド利用を敬遠するケースもあります。

■──── クラウド技術者の不足

クラウド環境を安全かつ効率的に運用するには専門知識を持った技術者が必要です。しかし、これらの技術者の不足はクラウド活用の障害となり、結果としてオンプレミスへの回帰ないしは滞留を促すことがあります。

2 ソフトウェア開発・運用における会計の基本

オンプレミス回帰の動向

　オンプレミス回帰に関するニュースや実際に検討しているといった声は確かに存在します。ニュース記事や実際に検討している人が存在していることは事実ですが、ここでは実際の市場規模状況も確認しておきます。

　まずパブリッククラウドの市場状況を確認すると、大手クラウドベンダーの成長率は鈍化していますが、クラウド市場全体としてはまだまだ成長していることがわかります。パブリッククラウド市場は世界経済の状況が厳しい中でも増加傾向を続けている状況です。増加傾向にある背景として考えられるのは、クラウドのメリットである必要量だけの支払いである点が受け入れられていることに加え、各クラウド事業者が新しいサービスやソリューションを毎年出し続け、さまざまな関連市場を吸収している状況があることが考えられます。

　オンプレミスについては、オンプレミスという市場は存在しないので、データセンター市場で確認してみると、多少前後はありますがグローバルでは横ばい傾向、国内だと増加傾向の状況です。こちらは初期投資が必要なことから、COVID-19（新型コロナウィルス）パンデミック時期の厳しい経済状況で投資が難しかったともいわれていますが、経済状況の持ち直しにあわせて一定程度戻ってくる予測もされています。ただ、重要なポイントとして、クラウド市場とデータセンター市場の間は差が開きつつある状況になっています 図2.14 。

図2.14　日本国内におけるクラウドとデータセンターの売り上げ

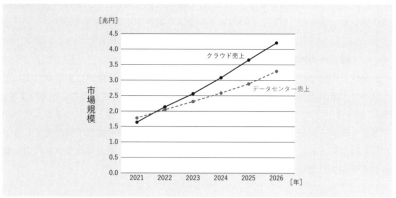

参考
- 「令和4年情報通信に関する現状報告の概要」（第2部第6節7データセンター市場の動向）
  URL https://www.soumu.go.jp/johotsusintokei/whitepaper/ja/r04/html/nd236700.html
- 「令和4年情報通信に関する現状報告の概要」（第2部第6節8クラウドサービス市場の動向）
  URL https://www.soumu.go.jp/johotsusintokei/whitepaper/ja/r04/html/nd236800.html

オンプレミスとクラウドのバランス

　市場全体としてはクラウドシフトの傾向が見て取れますが、オンプレミス回帰の話題に上がるような課題感が存在するのも事実です。結局は盲目的にクラウドシフトすればすべて解決ではなく、今のシステムがどのようなもので、どういった特性であるか理解し、適切なサービスや環境を適切に利用していくことが大事であることがわかります。昨今ではマルチクラウドやハイブリッドクラウドといった環境も当然のように出てきています。いずれのシステムであっても目的にあわせて環境を選択し、利用していくことが期待されます。

2.6
まとめ

　本章では、会社会計の基本となる財務報告の重要性と主要な財務報告書である損益計算書（P/L）、バランスシート（B/S）、キャッシュフロー計算書（CF）の構造と解釈方法について学び、会社会計として必要となる税金や固定資産について学びました。そのうえで、システム開発全体で必要となるインフラとアプリケーションの会計について掘り下げ、主要な概念について学びました。こうした知識から、ITプロジェクトにおけるどのような活動が収益性やコスト削減効果に影響するのか全体感を確認しました。

　本章における重要なポイントは、財務報告が企業運営においてどれほど中心的な役割を果たしているか、そしてそれがどのようにしてITのコスト管理や戦略的意思決定に結びついているかという点です。とくに、クラウドサービスやオンプレミス環境の会計上の違いを理解し、これらが財務諸表にどのように反映されるかを把握することが、コスト効率の良いIT運用を実現するために不可欠です。

3章 コスト最適化の進め方

　クラウドの利用が進み、コスト管理が避けて通れない課題となるなか、本章ではコスト最適化の具体的なプロセスと効果的な管理方法に焦点を当てていきます。本章では、適切な担当者の選定から始まり、責任あるコスト管理を実現するための基本プロセス、さらにはコスト削減の具体的なアクションプランまでを詳細に解説します。コストを効果的かつ効率的に管理するためには、可視化（見える化）から始め、適切なアプローチ方法の検討、そして継続的な改善が必要です。長期的にはこうしたプロセスを文化として組織に根付かせることが、持続可能なコスト管理の鍵となってきます。本章を通じて、コスト管理の理論だけでなく、具体的なアクションプランを学び、実際の業務に活かせるようにしていきます。

3.1 コスト管理の全体像

　コスト管理は単なるコスト削減ではなく、長期間にわたる戦略的な取り組みです。適切な責任者選定、明確なプロセスの確立、そしてそのプロセスを文化として定着させることが、効果的かつ効率的なコスト管理の鍵となります。

コスト管理の構成要素

　クラウドサービスの利用が増えるにつれ、運用コストの最適化は運用部門やIT部門などにおいて重要な仕事となってきています。クラウド利用料は単純に削減することが難しいもので、単にコストを削減することだけを目的とするのではなく、コストを効果的かつ効率的に管理するために、綿密な計画と戦略が必要です。これからコスト管理をしていこうとした際、どのようなことを検討する必要があるのでしょうか。以下はコスト管理を進めるうえでポイントとなる観点です。

コスト管理の担当 **3.2**

- 誰がやるのか
- 何をどのように進めるのか
- プロセスの定着

　まず考える必要があるのは、コスト管理の責任者を決定することです。これは個人の場合もありますし、特定の部署がその役割を担うこともあります。重要なのは、コスト管理のプロセス全体を監督し、適切な意思決定を行うことができる適任者を選定することです。次はコスト管理を進めるためのプロセスです。コスト管理プロセスは、コスト可視化、アプローチ方法の検討、具体的なコスト削減策の実施といった一連のステップで構成されます。最後には、このプロセスを組織文化に根付かせ、継続的な改善を促進する方法の検討が必要です。それぞれのポイントについて、以下で深堀していきます。

3.2
コスト管理の担当

　クラウドコスト管理を推進するにあたり、説明責任を果たしてもらうため、コスト管理担当者を決める必要があります。本節では、なぜ責任者を明確にする必要があるのか、どのような人や組織をアサインすれば良いのかについて紹介します。

なぜコスト管理担当を決めるのか

　組織全体において効率的なコスト管理と透明性の確保を行うためには、コスト管理の責任者（説明責任者または説明責任のある部署）を明確化する必要があります。

　責任者が不明瞭な場合、コストに関する判断や意思決定が曖昧になり、リソースの無駄遣いやコストの増加につながるリスクが高まります。とくにクラウドサービスの場合、従量課金であることがほとんどなので、開発中に意図せずコスト増加が発生したり、急激なアクセス増加でのコスト増加など、発生している事象とコストに関連性が強く現れます。責任者を明確にすることで、こうしたコスト増加と事象（ユーザー動向や世間的な環境動向など）の関連性を正しく説明できるようにします。また、責任者を明確にすることで、コスト管理の方針や戦略について組織内で一貫性を持たせることも可能で、目標とする予算に対してどのようなコスト配分でリソースを展開すると良いのか、効果的な意思決定が行えるようになります。

　このように、クラウドのような従量課金で予測が難しいサービスを利用していて

3 | コスト最適化の進め方

も、状況をできるだけ早く理解し、プロジェクト全体を通して一貫性のある対策を打てるようにするため、コストに関する説明責任者を決める必要があります。

▌ 適切な担当者の選定

コスト管理を担う適切な担当者には、ビジネス的な観点とシステム的な観点の両方を兼ね備えていることが理想的です。加えて、可能であれば一般的な企業会計や財務に精通し、組織内の異なる部門とのコミュニケーション能力もある担当者であるとより判断や対応が効果的かつ効率的になります。

■───── ビジネス的な観点

コスト管理の担当者は、コスト増加が発生した際にその原因について、ビジネスの文脈において分析し、状況理解、説明できる必要があります。たとえば、キャンペーンを打ったことによりユーザーアクセスが増加した、テレビ放送で突然話題となった結果、普段以上にユーザーアクセスが増加していたなど、どのようなビジネス上の観点がシステムに対する挙動変化に寄与したのか判断できる必要があります。また、コスト増加がビジネス目標や投資収益率（ROI）に与える影響を評価し、ビジネス戦略に基づいた優先順位付けも行える必要があります。このように、ビジネスアナリティクス、市場の動向理解、および戦略的思考といったスキルが不可欠です。

■───── システム的な観点

一方で、システム的な観点も同様に重要です。コスト管理担当者は、クラウドサービスやITインフラの知識を持ち合わせ、どのリソースがコスト増加に最も寄与しているかを特定できる必要があります。これには、特定のリソースがなぜコスト増加につながっているのか（たとえば、料金体系の理解）、またそれを削減するための代替案やアーキテクチャの提案が求められます。システム的な観点では、テクニカルな知識とともに、システムアーキテクチャやコスト削減の技術に関する深い理解が必要です。

■───── 現実的なアサイン

このような複合的なスキルセットを持つ担当者は、コスト管理の複雑な課題に対して総合的な視点からアプローチし、組織のコスト効率とビジネス成果の両方を最適化するための戦略を立案・実行できる可能性が高くなります。もし、ビジネスとシステムの両面に対する理解を持つ担当者が選定できれば、コスト管理はより効果的かつ効率的になるでしょう。ただ、実際にこのようなすべてのスキルセットをあわせもった人材が社内に存在するか、または外部から調達するにしても調達できる

かというと難しいことが容易に想像できます。そのため、実際の現場ではビジネス面のスキルを持った人とシステム面のスキルを持った人をそれぞれアサインした体制や会議体を検討するのが現実的な運用体制になります。

たとえば、ビジネス側とシステム運用側の両者が一同に集まるシステム運用定例のような場において、そのアジェンダの一つにコスト管理を含めるといった方法があります 図3.1 。

図3.1 コスト管理の運用体制の例

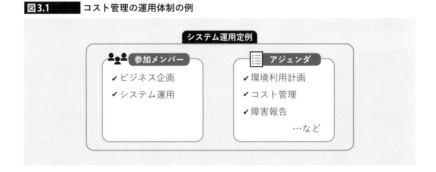

コスト管理担当の役割

コスト管理担当者またはコスト管理の会議体では、以下のような役割を持ちます。

- コスト管理の全体計画の策定と実行
- 定期的なコストの監視と分析を行い、コスト効率の改善策を検討、実行
- 経営層や他の部門に対して、コストに関する情報を共有して透明性を担保
- 組織全体や関係者に対するコスト意識の醸成

コスト管理担当は単純にコストを監視して削減するだけでなく、コストに関わるあらゆることをスコープに活動を行います。

3.3
コスト管理の基本プロセス

コスト管理の基本プロセスは、可視化、アプローチ方法の検討、そしてコスト削減の実施という3ステップから成り立ちます。これは単なる一回限りの作業ではなく、継続的な改善を必要とする繰り返しプロセスです。本節では、コスト管理基本

3 コスト最適化の進め方

プロセスの各ステップについて詳しく見ていきます。

コスト管理プロセスの全体像

コスト管理のプロセスには以下のようなステップがあります 図3.2 。

❶コストの可視化
❷アプローチ方法の検討
❸コスト削減の実施

図3.2　　コスト管理プロセスの全体像

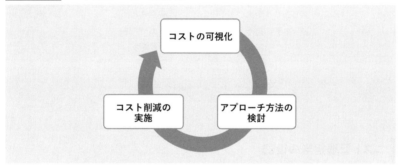

　コスト管理の基本プロセスは、コストの可視化、アプローチ方法の検討、コスト削減の実施を定常的な運用作業として繰り返し行っていくプロセスです。これらのプロセスは一般的な課題解決などの進め方と似ていますが、異なるのは定常的に繰り返し実施および改善を繰り返すことが必要な点です。通常、システムは運用されますし、運用されていれば改修も発生します。場合によっては新しい機能が追加されたり、特定機能が廃止されたりすることもあります。そうした変化が起こることを考えると、定期的なレビューを行いながらコスト管理を行っていく必要があります。

　以下では各ステップについて概要を紹介していきます。

─── コストの可視化

　コスト管理の第一歩は、コストの「可視化」(見える化)です。コスト削減を検討するにも現状の把握をしないとどこから手を付けて良いかわかりません。次のコスト削減のアプローチへつながる情報が収集できるよう、「可視化」では、コスト構造を明確にするための施策を検討、実施、コスト管理を行うための基盤を構築していきます 画面3.1 。

3.3 コスト管理の基本プロセス

画面3.1 可視化の例（Power BIのダッシュボード）

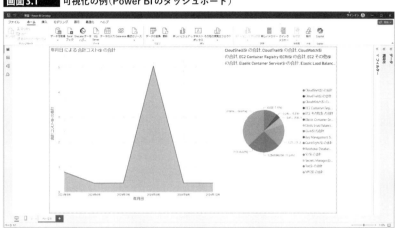

コストの可視化では以下のような観点がポイントとなってきます。

- データ収集方法
- レポート作成
- 目標設定
- アラート設定

　まずはコストに関わる情報を一元集約する必要があります。散らかったままでは状態がわからないので集約して「結局、何にいくら使ってるの？」という傾向に答えられるようにします。このときに問題となるのがコストデータに対するアクセス権です。1つのプロジェクトでもクラウドサービスに対するアカウントが分かれているようなケースがあります。このような状態でも1元集約して全体としてコストがどうなっているか確認する必要があるので、情報収集する必要があるアカウント・環境に対するコスト閲覧権限を付与していく必要があります。

　コスト情報の集約ができれば人が理解しやすいように可視化する必要があります。可視化の方法もさまざまありますが、最終的にはビジネス的な判断がしやすい形に成形してあげる必要があります。後ほど出てきますが、コスト管理のプロセスは定期的に実行するものです。コストレポートは簡単に出せるようなしくみも検討が必要です。

　コスト可視化を行う際、あわせて検討しておきたいのが目標値です。どの範囲に収まっていれば良いのか、システム環境ごとに一定期間における目標値を設定して

3 コスト最適化の進め方

おきます。この目標値を決める際はビジネス側の視点とシステム運用側の視点の両方から検討が必要で、ビジネスとしての収益性からトップダウンで求める方法と、現実的にできる・できないを判断しながらボトムアップで求める方法の両方から検討して決めていきます。

目標値がわかっていれば、アラートを設定することができます。目標とするコスト範囲に収まるよう、超える予兆が見られた際にアラート発報するよう設定しておきます。アラート設定しておけば、季節性や突発的な異常に関して気づきやすくなります。こうした通常と異なるコスト変化があった場合にアラートで検知できれば、必要に応じて臨時の対策会議を検討することが可能となります。

可視化に関する具体的な手法に関してはこの後の4章で詳しく解説していきます。

アプローチ方法の検討

コスト管理プロセスの2番めのステップは、コスト削減や最適化を実現するための具体的なアプローチ方法の検討です。このステップでは、組織の特定のニーズとリソースに合わせた戦略を計画し、実行に移す方法を定義します。このステップでは以下のような観点がポイントとなります。

- 立場や役割に応じた進め方の違い
- トレードオフの理解
- 実行可能な戦略の策定
- コスト削減の優先順位付け

部門や立場によってコスト最適化のアプローチ方法が違います。ご自身の立場にとってどのようなアプローチがやりやすいのか、効果が出しやすいのかを考慮してアプローチ方法を検討する必要があります。場合によっては他部門や他部署との調整も必要になるでしょう。そのような場合には部門間の協力を得るための戦略や手段も検討する必要があります。

コストを下げようと思ったとき、その他のすべての事情を無視してよければできることも多いでしょう。ただ、実際はさまざまな制約事項や考慮すべき事項があります。セキュリティやパフォーマンスはわかりやすいトレードオフ事情です。コスト削減のアプローチ方法を検討する際、こうしたトレードオフ事情のうちのどのような内容を考慮する必要があるのか、またどのトレードオフ事情が優先すべきことなのかを理解しておく必要があります。

アプローチ方法を検討する際、実行可能性についても検討が必要です。どんなに効果的な方法だったとしても実現できないのであれば意味がありません。検討したコスト最適化手法が稼働中システムに対して適用可能なのか、難しいのであればど

のように適用していけば良いのか、必要であれば該当システムの担当者と相談しながら実現できる方法を検討します。

　最後に意識するのが、コスト削減効果と修正コストのバランスです。コスト削減が実現できるにしても適用する際に多くの人の稼働がかかってしまうようなケースでは意味がありません。たとえば、月々数百円程度安くするため、何十人月もかかるようなシステムの大規模修正を行うわけにはいきません。このようなケースであれば、削減を目指すのではなく支払ってしまった方が会社全体で見たときは安くつくことになります。

....

　以降の解説の流れについて、続く5章では「コスト削減計画」をテーマにコスト削減を進めるにあたっての計画や気をつけておきたい考慮点について解説してきます。

　それらを踏まえ、6章から9章ではリソース別による具体的なコスト削減施策について解説していきます。とくに今回はよくコスト削減対象として話題に上がる以下の4リソースについて具体的なコスト削減施策を解説していきます。

- コンピュート（仮想マシン）
- データベース
- ストレージ
- 運用ログ

コスト削減の実施

　コスト削減の実施は、アプローチ方法の検討で定めた具体的なコスト削減策を実行し、組織の効率化と費用の最適化を図るフェーズです。コスト削減にはいくつかパターンがあります。代表的なコスト削減手法は以下のとおりです。

- 不要リソースの削除
- リソースの最適化
- アーキテクチャの見直し
- 価格プランの見直し

　まず行いたいのは不要なリソースの削除です。使われていなかったとしてもクラウド上のリソースがおかれたままであれば、リソースが配置されている間はコストが発生します。こうした不要リソースは少しずつが積み上がって意外と高額になっているケースがあります。クラウドの良いところは必要なとき、必要なリソースが使えて、コスト削減できるというものですが、使い方を誤ってユーザーが消し忘れ

3 コスト最適化の進め方

てしまえば、それはコスト増加の原因になってしまいます。

　不要なリソースを削除して残ったリソースは必要なもののみのはずです。必要なリソースであったとしても、最適化できていなければ余計なコストを支払っていることになります。たとえば、仮想マシン上でWebアプリを稼働している状況において、ほとんどアクセスがないにもかかわらずハイスペックマシンを割り当てているようではコストを無駄に支払っている状態です。SLA (*Service Level Agreement*) やSLO (*Service Level Objective*)にあわせて適切なサイズや構成に見直しを行うなどが必要です。

　クラウド事業者が提供するサービスは仮想マシンだけではありません。運用や開発を楽にするためのさまざまなサービスが提供されています。一般的にPaaSはIaaS（仮想マシン）に比べて高い値段設定になっていることが多いですが、PaaSに移行することで運用作業を削減できるため人件費削減を含めた改善につながります。そのため、オンプレミス環境から仮想マシンへ移行してそのままにしておくのではなく、PaaSへの移行を行うなどクラウドをより最適に利用していくためのアーキテクチャ見直しも欠かせません。

　アーキテクチャの見直しが終わってシステムが安定したところで、はじめて価格プランの見直しを適用していきます。クラウド事業者は一定期間の利用を確約することで利用料の割引を行うプランを提供しています。システムが稼働する予定と照らし合わせて割引プランの適用を検討します。

　本書ではおもに以下に挙げるクラウドサービスでもよく利用される主要なサービスを対象にコスト削減の方法について後ほど解説してきます。

- コンピュートのコスト最適化　➡6章
- ストレージのコスト最適化　　➡7章
- データベースのコスト最適化　➡8章
- 運用コストの最適化　　　　　➡9章

　大まかなコスト削減アプローチは本節で解説したとおりですが、リソースの種類によって細かな違いがあるので、そうした違いについては後ほど詳しく紹介していきます。

コスト管理プロセスの定着 **3.4**

3.4
コスト管理プロセスの定着

　コスト管理プロセスの定着は、ビジネスの持続可能性を保証するためには不可欠な取り組みです。絶えず変わるビジネス環境と技術進歩に対応し、効率的なリソース利用と予算遵守を実現するため、定期的なレビューと継続的な学習が鍵となります。

定期的なレビューの実施

　コスト管理は、一度の取り組みで完結するものではありません。ビジネス環境の変化、技術の進歩、組織の成長などに伴い、継続的なレビューと改善が必要です。定期的にコスト状態をレビューできるよう定例化します。定例ではコスト状況の分析、予算との比較、問題があれば対策の検討を行います。コスト状況の分析においては、現状のコストが適切な状態になっているのか利用しているリソースの効率に関しても確認します。予算超過の傾向が見られるようであれば、以降の章で紹介するコスト削減手法に対して優先度を含めて検討を行い、最終的に実施する対策を決めていきます。

　こうした定例ではコスト判断ができる人や状況を説明できる人などさまざまなステークホルダーが存在します。定例化する場合、必要な人が誰であるか洗い出しを行い、あらかじめ日程を押さえておく必要があります。

継続的な学習と適応

　コストを最適な状態に保つためには継続的な学習も大切です。市場動向を調査して新しい技術的トレンドを取り入れたり、ベストプラクティスを適用したりすることでシステム全体を改善することが可能になります。クラウド事業会社はより便利なサービスやソリューションを出し続けています。昔は良かったとしても、今はもっと効率的な使い方が存在する、といったケースはよくあります。コスト削減の方法を検討する際の参考にもなりますので、定期的に新しいサービスの情報を収集してアップデートすることはコスト削減にもつながってきます。また、このような定期的な情報アップデートは組織として取り組む必要があります。

67

3 コスト最適化の進め方

3.5
まとめ

　本章では、クラウド環境におけるコスト最適化の具体的な進め方について解説しました。コスト管理は単に支出を抑える行為ではなく、ビジネスの成長と直接的に関連する戦略的な活動です。コストの可視化から始め、責任者の選定、アプローチ方法の検討、具体的なコスト削減策の実施に至るまで、一連のプロセスをどのように組織内に定着させるかが成功のカギを握ります。

　効果的なコスト管理のためには、以下のポイントがとくに重要です。

- **コスト管理の担当者の選定**
  適切な責任者の選定は、透明性と責任の明確化を通じて、コスト管理の効率を大きく向上させる
- **基本プロセスの確立**
  コストの可視化、アプローチ方法の検討、コスト削減の実施という3つのステップは、継続的な改善の土台となる
- **プロセスの文化への定着**
  コスト管理を日常業務の一部として組織文化に根付かせることで、持続可能な改善が可能になる

　最終的には、これらの活動が組織全体のコスト意識を高め、未来にわたって効率的なリソースの使用を確保するために不可欠です。本章で紹介した方法論を元に、実際の業務における効果的なコスト管理策の設計や実行について検討を始めましょう。以降では、より具体的なアプローチへと解説を進めます。

まとめ **3.5**

Column

FinOpsとは何か

クラウドの利用が急速に広がる現代において、企業にとってクラウドコストの管理は大きな課題となっています。

そこで注目されているのが「FinOps」(*"Finance" and "DevOps"*, クラウドFinOps)です。これは、クラウドのコスト管理と最適化に特化した実践や文化を指します。従来の固定コストで対応できない、クラウドの変化するコストモデルに適応するため、FinOpsは新たなアプローチとして注目されています。

FinOpsの目的は、クラウドコストの透明性を高め、最適なリソース利用を通じてビジネス価値を最大化することにあります。これは、次の3つのプロセスにより実現されます。

- 可視化　Inform
  - ➡クラウド利用の詳細を分析し、どのチームがどれだけコストを消費しているかを把握する
- 最適化　Optimize
  - ➡不要なリソースを削除したり、リザーブドインスタンスやスポットインスタンスを活用したりしてコストを削減する
- 運用化　Operate
  - ➡最適化されたクラウド利用を続け、予算を守りながらビジネス目標を達成する

FinOpsの最大の特徴は、開発、運用、ビジネス部門などさまざまな関係者が連携してクラウドコスト管理に取り組む点にあります。これにより、透明性とチーム間の協力が促進され、より効率的なクラウド運用が可能となります。

FinOpsは単なるコスト削減の手段ではなく、クラウドを活用して最大限のビジネス価値を引き出すための文化そのものです。費用の情勢を気にしつつも、FinOpsを実践することでクラウド利用のメリットを最大化が目指せます。

4章

コスト可視化

クラウドコストの透明性は、効果的なコスト管理と最適化の基礎となります。本章では、コスト可視化の重要性とその具体的な手法を解説していきます。具体的には、コストデータの集約、アクセス権の設定、タグ付け、アラート設定、ダッシュボード作成に焦点を当て、これらがどのようにしてコスト削減と運営効率の向上に寄与するかを詳細に説明していきます。本節全体を通して紹介する手法をご自身の環境に適用することで、現状のコスト構造を明らかにし、分析できるような状態にすることで、今後のコスト最適化への足掛かりとしていきます。

4.1
コスト可視化の流れ

コスト管理を始める最初のステップとしてコストデータを可視化する方法から解説を始めていきます。まず最初はコスト可視化の全体像を紹介し、続いて、現状のコスト構造を明らかにしていくために必要となる作業にどのようなものがあるのか、そのステップについて解説していきます。

コスト可視化するための作業

クラウドコストを管理するにはクラウドサービスに付属するコスト管理ツールを利用するのが簡単かつ便利です **画面4.1** 。ただ、クラウドサービスが提供するコスト管理ツールを使いこなそうとすると、さまざまな事前準備や設定が必要です。ここでは大まかなコスト可視化の作業フローについて紹介します。

❶目標設定
❷アカウント集約
❸アクセス権設定
❹タグ整備

❺アラート設定
❻ダッシュボード作成

画面4.1 コスト管理ツールの例（AWS）

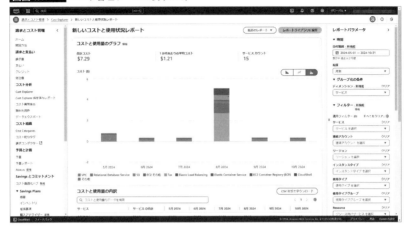

後の節にて詳細を解説していきますが、ここでは大まかな流れをつかむため、各プロセスの概要について紹介します。

- 目標設定
  コストをどの範囲に収めるのか、その基準を決めるのが目標設定。目標設定ではビジネス上の観点からやシステム上の観点から具体的な値を検討し、月間や四半期、年間でのコスト目標を設定する。この目標値は普段の運用管理における目標である場合もあれば、コスト削減の目標となる場合もある

- アカウント集約
  アカウント集約は、企業内の必要な範囲すべてのクラウドアカウントとサブスクリプションを一元管理するプロセス。このステップでは、企業が利用しているクラウドサービスの全体像を把握し、分散しているコスト関連情報を集約する。これにより、コストの透明性が向上し、組織全体でのコスト分析や削減策の検討が容易になる

- アクセス権設定
  アクセス権設定では、コストデータへのアクセスを管理するためのポリシーや権限を設定する。分散しているコスト情報を集約しようとすると、さまざまな環境に対してアクセスが必要となる。このプロセスでは、コスト分析やレポート作成のために必要な情報にアクセスできる担当者を定義し、必要なアクセス権を付与していく。アクセス権の適切な管理は、コストデータのセキュリティを担保し、不正アクセスを防ぐために不可欠な要素である

- タグ整備
  タグ整備では、クラウドリソースにさまざまなタグを付けていく。クラウドリソースに対してタグ付けすることで、コストが発生しているリソースを簡単に識別し、コストの最適化や分析をしやすくする。ここで付与するタグは、プロジェクト名、部門、環境（開発、テスト、本番）など、コストをどのように分析したいかのニーズ

4 │ コスト可視化

に応じてカスタマイズを行う

- **アラート設定**
  アラート設定は、コスト管理において予算超過させないための予防策である。実コストが予算を超えたり、予測される使用量に達したりすると、適切な担当者に通知されるように設定する。アラートシステムにより、コストの急増を早期に検知し、迅速な対応が行えるようにする

- **ダッシュボード作成**
  最後に、ダッシュボード作成では、コストデータを視覚的に表示することで、リアルタイムのコスト監視と分析を支援する。ダッシュボードは、コストのトレンドやパターン、そして節約の機会を一目で理解できるように設計する。こうしたダッシュボードを利用し、意思決定者（事業出資しているプロジェクトオーナーやビジネス側担当）はデータに基づいた戦略的な判断を下していく

以上のフローは、コスト可視化のプロセスを構成する重要なステップです。各ステップは、企業がクラウドコストを効果的に管理し、最適化するための基盤構築に相当します。クラウドサービスを利用する企業は、これらのステップを適切に実施することで、コストの透明性を高め、投資効率を最大化することが可能になります。

4.2
目標設定

コスト管理を行う上で明確な目標設定は、対策／検討する際の優先度付けで重要な要素となってきます。本節では、コスト削減と予算管理で重要な要素となる目標の設定について、設定時の観点や決定方法について具体的に紹介していきます。

目標設定の観点

現状のコストが適切かどうかを判断するためにはあるべき姿としての目標が必要です。目標があれば、その基準からの差分から適切かどうか判断することができます。コスト管理における目標を考える際、以下のような観点について考慮する必要があります。目標設定しようとすると合計金額だけ考慮してしまいがちですが、使用量についても考える必要がある点に注意します。

- 目標コスト
- 目標使用量

目標設定 **4.2**

■─── 目標コスト

　目標コストの設定は、いわゆるクラウド利用料の合計金額をどこまでに抑えたい
か、という目標設定です。決める値としては、組織単位やプロジェクト単位、環境
単位で月間や四半期、年間での利用額を定めます。プロジェクトによってはデータ
分析基盤など少し切り出して検討したほうが良いサービスが存在するケースもあり
ます。このような場合、該当サービスのみで特別にコスト管理をすることも検討し
ます。ここで求めた目標コストは後で出てくるタグ付けやアラート設定に直結して
くる情報になります。

　目標設定する際、月間目標については月ごとに日数が異なることに注意が必要で
す。この場合、時間単位の目標値もあわせて持っておくと月ごとの日数の違いに左
右されなくなるので便利です。

　また、クラウド利用料は一般的にドルで計算されることがほとんどで、円で支払
う際に為替の影響を受けることにも注意が必要です。為替は日々変わるものなので、
為替影響で当初設定していたコスト管理目標の達成が危ぶまれることもあります。
あまりにその傾向が続くのであれば、その状況を考慮してコスト管理目標値の見直
しも必要です。

■─── 目標使用量

　目標使用量の設定では、特定のリソースやサービスに対する最低使用量（どの種類
のリソースをどれくらい利用するのか）の目標を定めます。企業によってはクラウド
事業会社から特別な割引を受けるため、定められた期間内でどれくらい利用するか
を合意しているケースがあります。こうした特別割引のオファーは「リザーブド」や
「予約」などと呼ばれます。安く購入できる反面、定められた期間内で定められたリ
ソースを使わないと無駄になってしまいます。

　契約上使わなければならないリソースが存在する場合、それらを洗い出し、どの
ような期間でどれくらい利用する必要があるのか整理しておきます。契約内容によ
ってはある程度リソースの種類を選べるケースもありますが、そうでない場合は固
定で利用していく必要があります。たとえば、仮想マシンの予約であればどの種類
を何台、どの期間で利用する必要があるのか、種類は変更できるのか、といった情
報を整理しておきます。

目標をどのように決めるか

　目標を検討する際、ビジネス視点とシステム視点の両方から、目標コストを検討
する必要があります。たとえば、ビジネス視点で事業の収支から極端に低い目標コ
ストを決めることも可能ですが、システム視点では現実的ではない場合もあります。

73

4 コスト可視化

それぞれの視点でどのようなことを考えているのか、両方の視点から目標コストを設定する方法についてここでは詳しく掘り下げていきます。

■ ビジネス視点からの目標設定

ビジネス視点では、コスト管理は組織の収益性と持続可能性に直接影響します。この視点から目標コストを設定する際には、以下の点を考慮します。

- 収益と支出のバランス
- 投資収益率（ROI）
- 市場競争と価格設定

企業は利益を生み出すために運営されるものです。そのため、コスト管理も企業の利益目標に沿って行われる必要があります。売上高と比較してコストがどの程度であるべきかを検討し、収益と支出の健全なバランスを検討します。たとえば、コスト削減によってサービスの品質が低下し、結果として顧客満足度が下がってしまうような場合、長期的な収益減少につながる可能性があります。このような場合、コスト削減は収益性を維持できるような値に設定する必要があります。

投資収益率（ROI）は、投資した資本に対して得られる利益の割合をいいます。企業は利益を生み出し続ける必要があるため、新しい機能やサービスを開発して提供し続けています。こうした新しい機能やサービスを提供するために新しいサービスを取り入れると、それに合わせて新しいコストが発生します。たとえば、GPTやClaudeなどのAIを使った機能を組み込みたい場合、クラウド事業会社が提供する新しい機械学習サービスを追加する必要が出るかもしれません。新しい技術への投資は初期コストはかかるものの、電話対応などの運用コストが長期的に削減できそうな場合、その投資の投資収益率（ROI）は高いと評価されます 図4.1 。

図4.1　投資収益率（ROI）の効果イメージ

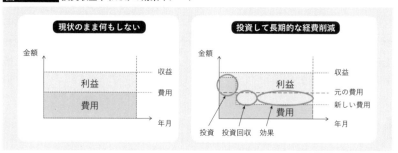

一方で企業はさまざまな競合と競争関係にもあります。市場における競争は、製品やサービスの価格設定に大きな影響を与えます。コストの増減を行う際には、価

格競争力を維持しながらも十分な利益が得られるよう、市場の状況を考慮する必要があります。価格競争が激しい市場では、コストを効率的に管理することが、競争力を保持し、市場での地位を強化する鍵となることもあります。

システム視点からの目標設定

システムの視点では、セキュリティ、信頼性、パフォーマンス、運用自動化といった非機能要件に着目し、満たすべき要件から逆算する形で目標コストを設定します。クラウドサービスを利用するシステム構築をする際、Well Architected Frameworkに挙げられるコスト以外の4つの観点とコストの間でバランスを取ることが重要であることを思い出してください。コスト管理の目標設定も満たすべき要件から一定の制約を受けます。そのため、こうした要件を最初に整理しておくことで満たすべきコスト目標も見えてくるようになります。

システム視点からの主要な考慮事項は以下のとおりです。

- 非機能要件
  - セキュリティ
  - 信頼性
  - パフォーマンス
  - 運用自動化
- 技術的な可否

■——— **セキュリティ**

企業は、一定のセキュリティやコンプライアンス基準を維持しなければなりません。コスト削減を検討する際には、セキュリティリスクの増大や法的な遵守義務の違反につながらないように注意する必要があります。たとえば、コスト削減のためにセキュリティソリューションを省いたり、安価な暗号化されていないリソースを使ったりすることは、データ漏洩やサイバー攻撃のリスクを高める可能性があります。

■——— **信頼性**

クラウドを利用する際、これまでのオンプレミス環境と違って一定の停止時間に対する対策をあらかじめ考えておく必要があります。考慮すべきポイントは2つあります。

- 冗長性
- BC/DR（*Business Continuity/Disaster Recovery*, 事業継続/災害対策）

冗長構成をとることができれば、ラックやゾーンの障害に対する耐性を付けるこ

4 コスト可視化

とができます。また、仮にすべてが停止してしまったとしても、バックアップを同
一リージョンや遠隔リージョンに保持していれば復旧も可能です。こうした冗長構
成やBC/DR構成もコストが必要となるものなので、コストとのトレードオフを検討
する必要があります。

■ パフォーマンス

クラウドサービスのコスト削減は、システム性能や安定性を損なわないよう検討
する必要があります。たとえば、コストを削減するためにリソースを過度に削減し
た結果、システムの応答時間が遅くなり、ユーザーエクスペリエンスが低下する可
能性もあります。コスト削減の判断を行う際には、こうしたシステム性能に対する
要件も十分に考慮する必要があります。

■ 運用自動化

クラウドに限らずオンプレミスのシステムであっても、ITシステムを利活用して
いるとどうしても自動化したくなる作業が出てきます。たとえば、日常的に行われ
るパッチ適用作業であったり、稼働中システムを更新するデプロイ作業であったり、
運用作業の中には繰り返し作業となるものが運用していく中でよく見つかります。
こうしたしくみは取り組もうとすると追加で実行環境や実施するためのサービスが
必要となるケースがあります。定常的にタスクを実行するための実行環境やサービ
スを追加すればその分コストは増えます。一度組み込んだ作業をなくすことはなか
なか難しいので、追加する時に増加分のコストが削減できる作業工数に見合うか検
討する必要があります。

■ 技術的な可否

コスト削減施策を検討する際に気にするポイントに実施可能性があります。シス
テムの特性によってはコスト削減で必要とされるシステム停止が許容されないケー
スも存在します。たとえば、ミッションクリティカルな会計系システムなどはシス
テム変更による停止が許容できないといったこともあります。この場合、いくらコ
スト削減の施策が検討できそうでも実施ができない施策となってしまいます。

目標設定の理想と現実

クラウドコスト管理において、目標コストの設定は極めて重要な最初のステップ
です。理想的な状況では、プロジェクト開始時点で明確な目標コストが定められ、
すべての関係者がその数値に同意している状態です。しかし、実際のビジネスの世
界では、この理想と現実は必ずしも一致しません。本節では、目標コストを設定す

る過程における理想と現実のギャップを解説し、ビジネスとシステムの双方からの視点でこのプロセスをどのように進めるべきかを検討します。

■——[理想]最初から明確な目標コスト設定

理想は、プロジェクトの初期段階で、ビジネス側とシステム側の両面から見て、具体的に実現可能で合理的な目標コストが設定されいる状態です。この目標コストは、プロジェクトの全体像を理解し、期待される投資収益率（ROI）を考慮して算出されるべきです。ただ、この理想的状態に常にできるかというと、そういうわけにはいきません。ビジネス要件や技術要件が常に複雑に絡み合っており、かつ常に変化しているため、なかなか難しい目標です。

■——[現実]議論を重ねて目標コスト設定

現実的には、目標コストの設定は一筋縄にいかないことが多くあります。ビジネス視点からは、コストを最小限に抑えつつ最大の収益を生み出すことが望まれます。一方、システム視点からは、セキュリティ、信頼性、性能などの要件を満たす必要があり、これらはしばしば追加コストを必要とします。

このようなトレードオフの存在は、ビジネスサイドとシステムサイドがお互い議論に参加して決めていく必要があります。目標コストの設定プロセスは、ビジネスとシステムのそれぞれの持つ側面が必要とする要件や制限を理解し、お互いに妥協できるポイントを見つけるプロセスです。このプロセスを通じて、理想と現実のバランスを見つけ、最終的にはプロジェクトの成功につながる実行可能な目標コストの設定を目指す必要があります。また、この議論ではすべての関係者が内容を共有して理解しながら進められる必要もあります。互いの視点を尊重し、開かれたコミュニケーションを持つことで、ビジネスの目標と技術的な要件の間で最適なバランスを見つけることが大切です。

4.3

アクセス権の整備

クラウドコスト管理においてアクセス権の適切な設定は、セキュリティを保ちつつコストの透明性を高めるために不可欠な作業です。本節では、コスト管理で必要となる一元化とそれに伴うアクセス権の整理について掘り下げ、企業のクラウドコスト削減戦略を支援するために必要となる環境準備について紹介していきます。とくに、コストデータへの適切なアクセス制限は、不正アクセスやコストデータの漏

4 コスト可視化

洩を防ぐという点からも大切な観点になります。

アカウント集約の必要性

　クラウドコスト管理を効率的に行うためにはアカウントの整理が不可欠です。多くの企業では、プロジェクトごとや部門ごとにクラウド環境のアカウントを取得され、分散して管理されている状態になっていることがよくあります。このような状態では、会社全体のコストが把握しにくく、最適化の機会を見逃してしまうリスクがあります。アカウントを集約すると、こうした問題を解消し、コスト管理をより効率的かつ効果的に行うことができます。

　アカウント集約のメリットには以下のようなものがあります。

- 組織全体としてのコスト可視化
- コスト削減の機会創出
- 管理の効率化

　まずは集約した組織全体としてのコスト可視化が可能になる点です。特定アカウントに対して企業内のすべてのコスト情報に対する閲覧権限を集約させることで、企業全体のクラウド利用状況が一目で確認できる状態が作れます。これにより、会社や組織としてどのサービスやリソースがコストを多く消費しているのか、どこに最適化の余地があるのかを正確に把握することが可能となります。

　続いては集約によって得られるコスト削減の機会創出です。アカウント集約することで、利用量に応じた割引など、クラウド事業者から提供されるコスト削減の機会を最大限に活用できるようになります。多くのクラウドサービスでは、利用量が多いほど割引率が高くなるようなオファーを提供しています。会社としてアカウントを集約することは間接的にコスト削減に繋がっていきます。

　最後は管理の効率化です。アカウントを一元管理することで、コスト管理においていろいろな環境を閲覧して回る必要がなくなるので、管理作業の効率化が図れます。複数アカウントにまたがる管理作業は開いて情報を集めるだけでも時間と労力を要します。そのうえ、タグ情報などのメタ情報に表記ゆれがあると、集約時に集計で苦労します。アカウント集約することで、タグ情報の不備にも気づきやすくなり、集計作業が大幅に簡素化されます。

　以上のようにアカウントを適切に集約し、管理することは、直接的なコスト削減だけでなくコストの効率化、コスト削減に対する組織としてのクラウド戦略の検討にも大きく関わってきます。

クラウドに対するアクセス権

前述したとおり、コスト管理においてアクセス権を整理し、一元化することは、単に「便利」なだけではなく実質的なコスト削減の機会創出にもかかわります。本節ではアクセス権の整理方法について紹介していきます。

一般的にアクセス権限管理の核となる考え方は**RBAC**（*Role-Based Access Control*）です 図4.2 。RBACでは、各ユーザーに特定の役割（ロール）を割り当て、その役割に基づいてリソースに対する具体的なアクセス権限や操作権限を決定します。RBACを利用する際、利用者一人ずつにロールを与えることもできますが、管理のしやすさからグループを作成してそのグループに対してロールを付与する方法をとります。このグループに所属するユーザーはグループに付与されたロールを利用できるので、メンバーの入れ替わりなどがあれば、ユーザーの個人アカウントに対して毎回同じ権限の付与や剥奪をするのではなく、グループに対する所属と離脱で制御させることができます。この方法を利用すると、ユーザーが必要とするリソースへのアクセス権限を効率的に制御し、不要なアクセスや権限の乱用を防ぐことが可能になります。

図4.2　RBACの適用例

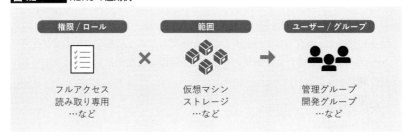

■── 必要なアクセス権

コスト管理を効果的に行うためには、専用のコスト管理グループを作成し、そのグループに適切な権限を付与します。たとえば、コスト管理グループには、以下のような権限が必要になります。

- 管理用権限
- 閲覧用権限

管理用権限は、リソースへのタグ付けやタグ修正など、コスト分析を行うために必要となるリソース操作が可能な権限を含みます。これにより、コストが発生するリソースを正確に追跡し、分析のためのデータを整備します。

4 コスト可視化

　閲覧用権限は、コスト分析に関するデータやレポートを閲覧するための権限です。この権限を持つユーザーは、コストに関する詳細な情報にアクセスし、効率的なコスト管理の意思決定をサポートします。状況によってはこの後紹介するサードパーティ製ツールへの情報提供を支援する権限を含みます。

　以上のように、大きく2種類のアクセス権を整理することで、企業のクラウドコスト管理はより効率的かつ安全に行われ、不要なコストの削減や適切なリソース配分に大きく貢献できるようになります。アクセス権の適切な設定は、クラウド環境の健全な運用を保つだけでなく、コスト管理の観点からも不可欠なものです。

サードパーティ製ツールに対するアクセス権

　クラウドコスト管理において、サードパーティ製の分析ツールを利用するケースがあります。たとえば、Tableau や Power BI などはデータ分析を支援する有名なツールです。これらのツールは、クラウドサービスプロバイダーの標準ツールでは得られない洞察や分析を提供できることが多く、コスト最適化の効果的な実施に不可欠なものです。ただし、こうしたツールも効果的に活用しようとすると、適切なアクセス権の設定が必要です。

■───アクセス権の設定と管理

　サードパーティ製ツールを利用するにあたっても権限を整理し、適切なグループやユーザーに付与していく必要があります。最低限必要な役割としては以下のようなものがあります。

- 管理用権限
- 閲覧用権限

　管理用権限は、サードパーティ製ツールが提供するダッシュボードやビューを作成、編集するための権限です。各種クラウドに出力されているコストデータを取り込み、描画させる実装を行います。必要に応じて定期的にデータの取り込みや更新を行う必要があります。こうした作業が実施できる権限を準備する必要があります。

　閲覧用権限は、ダッシュボードを利用してコスト分析を行う人が使う権限です。ビューの変更などはできますが、新たにビューを作成したり、データを操作したりすることはできません。決済権者に対してレポートを作成する人やデータ分析を行う人が利用する権限です。

　以上のように2つの権限を分割しておくのは誤ってビューを壊してしまったり、削除してしまったりすることを防ぐことに役立ちます。注意すべき点はサードパーティ製ツールを複数利用する場合、それぞれで設定が必要となるケースがあります。

忘れず権限の整理や設定を行います。

4.4 タグの整備

適切なタグを付与することで、コストの追跡が効率的に行えるようになり、より精密なコスト分析が可能となります。本節では、タグを活用したリソースの分類と、タグ付けがコスト管理にどのように役立つかを解説していきます。

タグの基本

クラウドを利用していると、各リソースにタグが付与できることに気づくと思います。タグとは、リソースやサービスに付与できるラベルやキーワードなどのメタ情報を指します。

よく見るものはキーバリュー形式で複数の情報が付与できるタイプのものです 図4.3 。タグの文字列には、たとえば英数字や-(ハイフン),_(アンダースコア)のような文字が利用されますが、実際はクラウドサービスや提供される個別のリソースによっても利用できる文字種や文字列長が異なります[*1]。

実際にタグを活用する際にはリソースごとに違うことを考慮しながら設計していく必要があります。

図4.3 　仮想マシンに対するタグ付けのイメージ

---

*1 参考 ・「AWS：AWSリソースのタグ付けとタグエディタ - ユーザーガイド」
　　 URL https://docs.aws.amazon.com/tag-editor/latest/userguide/tagging.html#tag-conventions
　・「Azure：タグを使用してAzureリソースと管理階層を整理する - 制限事項」 URL https://learn.microsoft.com/ja-jp/azure/azure-resource-manager/management/tag-resources?#limitations
　・「Google Cloud：プロジェクトのラベルを作成および更新する」
　　 URL https://cloud.google.com/resource-manager/docs/creating-managing-labels?hl=ja

4 | コスト可視化

タグ付けの目的

クラウド上のリソースを管理する際、さまざまな目的でタグを利用します。たとえば、所有者や所有組織を明確化させることで問題発生時に連絡を取りやすくする、特定のタグを利用して自動的にシャットダウンや起動を行うようにするといった活用です。

クラウドコスト管理においてもタグは非常に重要な役割を果たします。通常、コストが月単位で計上された際、思ったより高いとなると、コスト分析を試みます。この際、何かしらの観点で集約してみたり、その観点における時間的な推移を見たいと考えます。たとえば、本番・検証・開発といった環境ごとに集計したり、組織やプロジェクト単位で集計したりといった感じです。想定される切り口は無数に存在しますが、こうした方法を実現するのがタグになります。

コスト管理の観点だと、とくにコスト分析においてどのような切り口で分析するかを補助してくれるツールがタグとなります。タグがあらかじめ適切に設定できていなければ、当然、必要な分析もできないものとなってしまいます。

タグは単に運用管理のために利用するのではなく、コスト管理でもとくにコスト分析において必要なしくみになります。

タグ付けの実践例

本節では実際に利用できるタグの実践例を、以下のカテゴリに分けて紹介します。

- システム
- ビジネス
- 自動化

■───── システムに関するタグ付け

システム観点から付与するタグになります。リソース自体を識別することはもちろんですが、ワークロードや役割といった分類も設計時から考慮しておくとコスト分析時に便利になります。通常、システム開発がある程度の規模になってくると、ワークロードや役割といった単位でチーム編成が行われて開発が進行します。つまり、ワークロードや役割に関するタグを最初からつけておけば、コスト分析においても組織やチームの単位で分析が可能になります。コスト削減を検討する際に重要となるのも、このシステム観点でのタグ付けです 表4.1 。

タグの整備 **4.4**

表4.1 システム観点のタグ付け例

名称	説明	サンプル
識別子	リソースを識別するための名前やID	Name = sampleservice-customer-web, ID = xxxxxx
ワークロード	プロジェクトやサービスにおいて果たすべき機能	Workload = Customer/Client/Admin
役割	リソースのシステムにおける役割	Role = Web/AP/DB/Batch
環境	デプロイ環境の種類	Env = Prod/Stage/Dev/Test
バージョン	リソースへ展開したアプリケーションのバージョン番号	Ver = 1.0.0

■──── ビジネスに関するタグ付け

　ビジネス視点から付与するタグです。基本的には特定システム全体に対して共通だったりするため、コスト削減のためのコスト分析にはあまり役立ちません。部門で複数サービスを持っているようなケースの場合、**表4.2** のようにサービスごとでの分析が可能となるので有用になってきます。タグは便利ですが付与できる数や文字数に制限がある場合もあります。思いついたタグを何でもつければ良いわけではなく、必要性を検討してから付与することが大切です。

表4.2 ビジネス観点のタグ付け例

名称	説明	サンプル
所有者	リソースの所有者・担当チーム	Owner = support@sampleservice.co.jp
プロジェクト	プロジェクト名	Project = sampleservice
コストセンター	リソースコストを負担する部門	CostCenter = 012345, BusinessUnit = AdvancedTechDev
顧客	BtoC や BtoB のような複数顧客向けに展開しているサービスにおいて、提供先となる顧客	Customer = samplecompany

■──── 自動化に関するタグ付け

　自動化を実現するためのタグです。たとえば、開発環境の検証用仮想マシンなど、リソースによっては日中のみ動作して夜間は必要ないので止めておきたいといったものもあります。クラウド側に自動シャットダウンや自動停止の機能がある場合、そうした機能を使うと便利ですが、必ずしもすべてのクラウドやサービスに自動シャットダウンがあるわけではありません。こうした場合、**表4.3** のような自動化観点のタグと、FaaS(*Function as a Service*, AWS Lambda, Azure Functions, Cloud Functionsなど)を利用して自動シャットダウンを実装します。自動化のタグはコスト分析には使いませんが、コスト削減の観点で利用されるようなタグになります。

83

4 コスト可視化

表4.3	自動化観点のタグ付け例	
名称	説明	サンプル
自動停止時間	自動停止を行う時間	ShutdonwTime = 11pm, BootTime = 8am
自動停止のオプトイン・オプトアウト	自動化を有効・無効にするフラグ	ShutdownEnabled = true

タグ付けする際の注意点

タグは便利なのでさまざまな情報を付与したくなります。無策でタグを利用していると情報が溢れて運用者が混乱するだけでなく、セキュリティ上の問題をかかえることにもつながります。以下ではタグを利用する際の注意点について紹介します。

- 機密情報を入れない
- 一貫したタグを適用する
- タグ変更による影響を検討する

■── 機密情報を入れない

タグに入る情報は分析やレポートなど後続の作業で利用されます。タグに個人情報や社外秘情報などが含まれている場合、予期しない場所で閲覧できる状態になってしまうケースが考えられます。コストデータとして付属して閲覧される可能性があることを踏まえ、タグには最初から機密情報を入れないよう徹底しておく必要があります。

■── 一貫したタグを適用する

クラウドコスト管理において、タグはコストを分類するための重要な要素です。このとき、もし、タグのキー名がリソースによってズレていた場合、うまくコスト集計ができなくなります。また、タグの種類によっては複数の中から択一で選ぶようなものがあったりします。たとえば、Role = Web/AP/DB/Batchのようなものです。

このようなタグの値に入れる文字列に誤りがあった場合、やはりうまくコスト集計ができなくなってしまいます。つまり、タグはキー名も値もどちらもズレるとうまく集計できない原因となってしまいます。あらかじめルールを作成し、ズレないよう徹底していく必要があります。こうしたルールを人手で行おうとすると、やはりミスが発生します。したがって、CLI（*Command Line Interface*）ツールを使って定期的に修正をしたり、クラウド側にある強制ルールを適用して設定漏れを防止したりします。

予算設定とアラート | **4.5**

■────**タグ変更による影響を検討する**

　タグの中には自動化のようにシステムに直接影響を及ぼすものが存在している場合があります。新たに付与する場合は問題ありませんが、既存のタグを修正や削除する場合、そのタグを使ったシステムやサードパーティ製ツールが存在しないか影響確認が必須です。実際に着手する前に十分な影響調査を行うようにします。

4.5

予算設定とアラート

　予算設定を行うことで、**コストが予算超過しそうな場合にアラートを受け取ることができます。**こうしたしくみを活用することで、**組織は予算超過を未然に防ぎ、経済的リスクを低減できるようになります。**本節ではこのアラート設定について詳しく解説していきます。

予算消化に対する通知設定

　クラウドサービスのコスト管理において、予算設定は重要な意味を持ちます。予算設定がなければどこまで利用して良いかわかりませんし、改善する優先順位の検討もできなくなります。逆に、予算設定があればその予算に対する消化率から通知設定を行うことができ、コストの増加状況をリアルタイムで監視し、予算超過のリスクを事前に検知することが可能になります。本節では、予算消化に関する通知設定の重要性、設定方法、および実践的なヒントについて紹介します。

■────**なぜ通知設定が必要か**

　通知設定を行う一番の理由は「想定外のコスト増加を防ぎ、予算計画の精度を高める」ためです。決められた予算がある中で、年度末や半期末などのタイミングで予算を超えていましたでは困ります。超えそうかどうかを早めに気づいて原因分析と対策を行っていく必要があります。

　定期的なレビューもコスト超過を検知するしくみの一つですが、通知設定を行うことも通常と異なる動きによるコスト超過傾向を早期に検知できるしくみになります。通知設定を行うことにより、コスト超過の原因分析がしやすくなります。コスト超過が発生してから時間が経った後に、コスト超過傾向が発生したときの状況を思い出すことは難しいものです。とくにBtoCサービスの場合、コスト増加が外的要因で起こるケースがあります。この場合、そのときに世の中で何が起こっていたの

か、原因の究明が難しい場合があります。通知設定を入れておき、状況がリアルタイムに近い状態で確認できるようになれば、原因特定も容易になります。また、原因が特定できれば対策の検討、対策の実行も行えるようになってきます。早期に対策の検討、実施ができればその分、コスト削減に寄与してきます。

予算内にコストを抑えるためにはコスト超過の傾向を早期に検出し、原因分析、対策の検討、実施をできるだけ早く行っていく必要があります。そのために必要となるしくみが通知設定になります。

通知の種類

コスト超過の傾向に関する通知を設定する際、以下2点について考える必要があります。

- 集計単位
- 閾値

集計単位とは、どの範囲のコストを集計してコスト管理を行うのか、という観点になります。コストの最小単位はリソースごとになりますが、個別に予算を設定しているわけではありません。プロジェクト単位や環境面単位などでグルーピングして集計していきます。予算はプロジェクトや組織単位に設定されることが多いので、この予算設定にあわせて集計単位を設定しておくのが基本の考え方となります。

閾値は予算に対してどれくらいで発報させるかという観点になります。閾値は予算より低い値を設定してもかまいませんが、基本的に定常運用で超えない想定の値を設定しておくことが大切です。もし、月末近くで閾値を超えると、そのタイミングからアラートメールが飛び始めます。このアラートメールは一度発報したら終わりではなく、月末まで延々とアラートメールが飛び続けます。つまり、あまり低い値（毎月閾値を必ず超えてしまうような値）を設定してしまうと、月末近くに毎月アラートメールが大量に飛ぶようになり、結果として本来気づかなければならないコスト超過に気づけなくなる可能性が出てきます。

閾値を超えたというアラートを発報させるトリガーには以下の2種類が存在します。続いて、これらのトリガーの違いについて解説していきます。

- 実測値
- 予測値

■——— 実測値を使った通知
実測値は特定の期間内で実際に発生したコストに基づく通知です。予算に対して

実際の値が指定した割合または具体的な値を超過した際に発報します 図4.4 。

図4.4 実測で設定した場合の予算内と予算超過の挙動

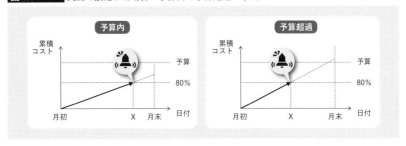

たとえば、予算の80％で発報するように設定している場合、実際に利用した費用が予算の80％相当額を超過した際に通知されます。逆に実コストが80％（＝設定した閾値）を超えない限りは発報されません。毎月のコストが予算内におさまる状態だったとしても、月末近くで80％を超えていれば発報してしまいます。通常より早く発報しているかどうか、が予算超過の傾向にあるかどうかの判断になります。

■──── 予測値を使った通知

予測値は直近の傾向から予測される該当期間の推定コストに基づいて通知するしくみです。予測の場合、直近の傾向を元に算出される予測値が、予算に対する指定した割合または具体的な値を超過した際に発報します 図4.5 。

図4.5 予測で設定した場合の予算内と予算超過の挙動

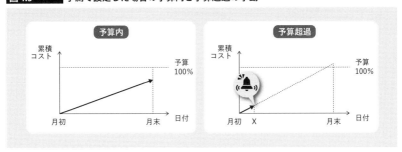

たとえば、予算の100％で発報するよう設定している場合、直近の傾向から該当月コストが100％が超えるようであれば通知されます。つまり、直近の傾向が普段どおりで予測として100％を超えないのであれば発報はされません。予期しない修正やリクエストによって予算の100％を超過する見通しになった場合、わかった時点で発報されます。

4 コスト可視化

　設定に関しては実測で設定したほうがわかりやすい気もしますが、予測を使った方が早期に適切な通知を受け取れる可能性が高くなります。また、必要な発報のみにアラート数を削減できるので発報＝注意すべきことと捉えられる点もメリットです。実測で設定している場合、状況によっては毎月末に発報を受け取る状況が想定されます。このような状況だとアラート疲れやアラート慣れという状況が起こり、本当に検知しなければならない発報を見落とす懸念が出てきます。

通知の設定例

　ここではよくある以下のような2パターンについて設定する際の考え方を紹介します。

- 月末に予算が超えないか知りたい
- 急増があった場合に知りたい

■──「月末に予算が超えないか知りたい」場合

　「月末に予算が超えないか知りたい」場合は、予測と実測の両方を使って通知設定を考えます 図4.6 。

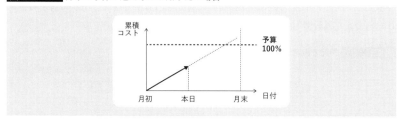

図4.6　月末に予算が超えないか知りたい場合

たとえば、以下のような設定を考えます。

- 予算に対する予測100％や120％など
- 予算に対する実測100％など

　予測を設定しておけば早めに予算超過の傾向に気づくことができます。予測だけだと本当に超えたかどうかはわからないので、実測に関しても設定しておきます。ただ、実測に関してはどこに設定するかよく検討する必要があります。前述したとおり、あまり低い値（たとえば50％や60％など通常運用でも超えるような閾値）を設定すると毎月アラートを受け取ることになり、必要なアラートを見落としてしまうリスクが出てきます。通常時のコスト状況をよく考慮して設定する必要があります。

■──「急増があった場合に知りたい」場合

「急増があった場合に知りたい」場合、実測での設定は難しいので予測での通知設定になります 図4.7 。

図4.7　急増があった場合に知りたい場合

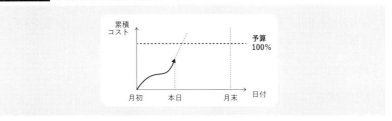

　基本的には予算に対する予測100％のような設定があれば急に傾向が変わった際に発報される可能性が高いです。実際に急激な上昇発生時に予測で検知できるかは各クラウド事業会社が予測をどのように算出しているかに依存します。残念ながらこの予測の算出方法に関しては明確に開示されているわけではありません。つまり、正しく急激な変化をとらえたい場合、実際は過去数日の移動平均であったり、前日からの上昇幅であったりを定期的に確認する必要があります。

　本番環境においてコストが急増するケースで最もよくあるケースがアクセスの急増によるスケールアウトです。このアクセス急増は、あらかじめわかっているケース（たとえばキャンペーンや広告を打つことがわかっているような場合）もあれば、突然発生するケース（たとえばテレビやX（旧twitter）で取り上げられた場合）もあります。あらかじめわかっているケースや突然発生したものでも一過性であることが明確なものであれば、落ち着いてから残り期間を見て予算内におさまりそうであれば、発報されたからといってあまり気にする必要はありません。おさまらない場合でも前後数ヵ月や半期など長い単位で見ておさまるのであれば問題になりません。予期しないケースとして不正アクセスや攻撃といった場合もありますが、この場合は別のしくみ（WAF/*Web Applicaiton Firewall*など）でも発報されるので気づけます。ここまで見てきたとおり、本番環境におけるコスト急増の検知は知りたい内容ではありますが、知ったとしてもあまり対応できることがないもので、対応が必要なものだったとしても不正アクセスなどなので別のしくみで検知できる可能性があるものになります。

　一方、開発環境やテスト環境におけるコスト急増はコスト抑制に寄与する可能性のあるケースがあります。開発環境やテスト環境におけるコスト急増の要因としては高額リソースの構築＆放置、アプリケーションの誤実装による高負荷などがあります。いずれのケースも早めに検知して止める必要があるものなので、通知設定の意味があります。

4 コスト可視化

> Column
>
> ## 移動平均
>
> 　移動平均は時系列データの変動を平滑化し、トレンドを捉えるために用いられる統計的手法です。移動平均の導出方法にはいくつかありますが、ここでは最も簡単な「単純移動平均(*Simple Moving Average*, SMA)」について導出方法を紹介します。単純移動平均は、指定した期間内のデータの平均を計算する方法で、数式だと 図C4.A にあるような計算式で求められます。
>
> 　たとえば、5日間の単純移動平均は 図C4.A のように直近5日間のデータの平均を取ります。
>
> 図C4.A　4.x 5日間単純移動平均
>
>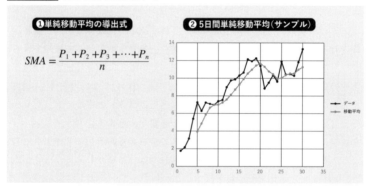

予算超過させないための工夫

　通知を使ったリアクティブな対策も重要ですが、可能であれば予算超過しづらい状況をプロアクティブに作れた方が望ましいです。予算を効率的に使用し、不必要なコスト増加を未然に防ぐためには、戦略的なアプローチが必要になります。本節では、予算超過を防ぐための実践的な施策について紹介します。

■ 高額リソースの作成制限

　クラウドサービスでは、高額なリソース(たとえば、GPU付き仮想マシン、NAT Gateway、ロードバランサー、ファイアウォールなど)が誤って、または無駄に作成されることがあります。これを防ぐためには、クラウド側で意図せず作れないように制御しておく施策が有効です。最小権限の原則に従って必要性が認められたリソース以外作成権限を与えないというのも手段ですし、クラウドによってはクラウド自身にリソース作成に制限をかけるしくみをもつものもあるため、そうした機能を使うことで特定リソースしか作れないようにすることもできます。利用している

予算設定とアラート **4.5**

クラウド環境にあわせて作成できないようなしくみを構築します。

■──── リソース使用量の通知設定

リソースの使用量を適切に監視することも、予算の超過を未然に防ぐ手段になります。たとえば、低価格であるバーストタイプの仮想マシンが数百台と立ち上がっていればいくら単体が安くてもコスト影響が出てきます。他にも、テストや検証で立ち上げたリソースを消し忘れていればコスト影響が出てきます。リソース単体が高くないものでも数が増えるとコスト影響が出るので、使っているリソースの数量に関しても把握しておく必要があります。AWSに関しては使用量による通知設定があるのでこれらを使って使用量による監視を行うのが適切なアプローチになります。こうした手段がない場合は定期的に立ち上がっているリソースをチェックすることになります。テスト環境や検証環境の消し忘れに関しては、あらかじめ削除する予定日程がわかっているので、その日付を作成するリソースにEndDateのような形でタグ付けしておく方法が理想的です。リソースに対してEndDateを設定するルールが徹底できるのであれば、関数アプリやバッチなどを使って定期的に監視を自動化することも可能になってきます。

▎コスト異常に対する通知設定

クラウド環境において、予期せぬコスト増加や異常な支出が発生することは珍しくありません。そのため、コスト異常に対する通知設定を行い、迅速に対処できるようにしておくことも大切です。本節では、コスト異常検出の基本概念と、具体的な通知設定の例について紹介します。

■──── コスト異常検出とは

コスト異常検出とは、クラウドサービスの利用状況を監視し、通常とは異なる支出パターンを検出するしくみです。たとえば、通常と異なるコストの増減として、大量の仮想マシンや高価なデータベースなどを追加したり、停止または削除したりといった変化です。異常なコストの増減は、設定ミスや予期せぬ使用、セキュリティインシデントなどの兆候である可能性があるため、早期に検出し、適切な対応を取る必要があります。

主要なクラウドサービスプロバイダーであるAWSやAzureでは、コスト異常検出機能が提供されています。たとえば、AWSの「AWS Cost Anomaly Detection」は、機械学習を活用して利用者の通常の支出パターンを学習し、それに基づいて異常な支出を検出します。また、Azureのコスト管理機能も同様に、利用状況を分析し、予期せぬコストの変動を特定します。

4 コスト可視化

■──── 通知の設定例

　コスト異常検出に対するアラート設定はクラウドサービスによって異なります。

　AWSの場合、「Cost Explorer」に含まれる「コスト異常検出」(*Anomaly Detection*)か
らコスト異常検出が設定可能です **画面4.2** 。特定の環境において機械学習を用いて
1日あたりの通常コストを求め、1日あたりのコストが通常より指定した額よりも上
回るまたは下回る場合に通知をすることが可能です。

画面4.2 ■ コスト異常検出のアラート設定例(AWS)

参考「AWS - AWSコスト異常検出」
　　　URL https://aws.amazon.com/jp/aws-cost-management/aws-cost-anomaly-detection/

　Azureの場合も同様の設定があります。「コストのアラート」設定にあるアラート
ルール追加から、アラートの種類として「異常」が利用可能になっています **画面4.3** 。
このアラートを設定することで、「1日あたりの異常」を検出してアラート発報するよ
うになります。ただし、AWSと異なり、通常時と比較してどれくらいの変化を異常と
判断するかは指定ができないため、Azure側の自動判断に任せるものになります。

92

ダッシュボード作成 **4.6**

| 画面4.3 | コスト異常検出のアラート設定例（Azure） |

アラート ルールの作成   ✕
Subscription (サブスクリプション)

アラート配信に登録し、変更に関する通知を受けます。 詳細情報

条件

アラートの種類 *　　　　異常

表示　　　　　　　　　　リソース グループ別の 1 日あたりの異常

開始日 *　　　　　　　　2024-07-21

　　　　　　　　　　　　期限 2025-07-21 ∨

通知

件名 *　　　　　　　　　コストの異常が検出されました

受信者 * ⓘ　　　　　　　Ⓐ akinaritsugo@company.com　✕

メッセージ ⓘ

言語 *　　　　　　　　　日本語 (日本)

情報

アラート名 *　　　　　　リソース グループ別の 1 日あたりの異常

作成　　キャンセル

参考 「Azure - コストの異常と予期しない変化を特定する」 URL https://learn.microsoft.com/ja-jp/azure/
cost-management-billing/understand/analyze-unexpected-charges

4.6

ダッシュボード作成

　分析しやすいデータを準備しても可視化しないと読み取れる情報も限られてきま
す。本節では、クラウドコストを効果的に管理し、分析をしやすくするためのダッ
シュボード作成について解説します。ダッシュボードを活用することで、コストデ
ータを直感的に解釈できるようにし、素早い意思決定を支援します。

4　コスト可視化

ダッシュボード作成の目的

　ダッシュボード作成のおもな目的は、クラウドのコスト管理における「可視化」です。これにより、組織はクラウド利用に関連するコストをリアルタイムで追跡し、詳細な分析を行うことが可能になります。

　多くのダッシュボードに以下のような機能が含まれます 画面4.4 。

- カスタマイズ可能なビュー
- インタラクティブな分析

画面4.4　Power BIのカスタマイズ設定

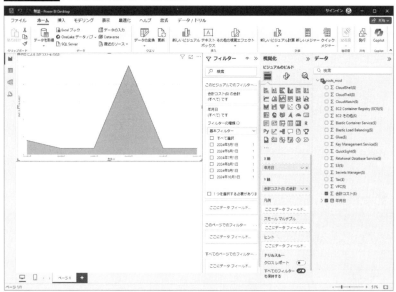

　ダッシュボードを利用すると、特定のニーズに合わせたビューのカスタマイズが可能になります。コスト分析をする際、見る人や役割によって必要とされる情報も異なるので、目的に応じてカスタマイズが必要になります。たとえば、特定のプロジェクトや部門ごとのコスト分析を行えるようにすることで、より詳細なコスト管理ができるようになります。

　また、こうした専用ツールを使ったダッシュボードには、インタラクティブな操作、分析が可能であることが多いです。ダッシュボードを通じて、データのインタラクティブな分析を行えると、コストの傾向やパターンが直感的に理解できるようになります。

ダッシュボード作成 | **4.6**

　こうしたダッシュボードの機能を使って行う可視化によって得られるメリットには以下のようなものがあります。

- リアルタイムなコスト監視
- コスト削減機会の検出
- 意思決定のサポート

　まず、クラウドサービスの利用状況とそれに伴うコストがリアルタイムで把握できるため、予算超過を未然に防ぐことができます。ダッシュボードを使うとインタラクティブな分析が可能なため、予算超過傾向を把握した際、その原因特定が容易になります。原因が特定できれば対策も検討できるので、予算超過に対する素早い対応を可能にするものになります。

　予算超過の傾向がなかったとしても、不必要なリソースや過剰な利用が発生している箇所を特定し、コスト削減の機会を見つけ出すことができます。ここでもインタラクティブな分析が役に立ちます。

　ダッシュボード作成の一番の目的ともいえるのが意思決定のサポートです。コストデータをもとにした具体的な分析結果は、経営層への報告や意思決定のプロセスをサポートします。とくに、サードパーティーツールを活用することで、より詳細かつインタラクティブなレポート作成が可能となり、上層部への報告に役立ちます。

　これらのメリットを踏まえると、ダッシュボードはクラウドコスト管理の不可欠なツールであり、組織がコストを効率的に管理し、最適化するための重要な手段といえます。

主要なダッシュボードツール

　クラウドコスト管理のダッシュボード作成に使える分析ツールは複数存在します。これらのツールのいずれかまたは複数を使って組織内でのコストの可視化、共有、そして分析を行います。以下では、メジャーなツールをいくつか紹介します。

■───── クラウドサービス付属の分析ツール

　AWS, Azure, Google Cloud などの主要クラウドサービスは、コスト分析や管理のための独自ツールを提供しています 画面4.5 画面4.6 画面4.7 。これらのツールは、コストデータの集約、分析、そして可視化の基本的なニーズを満たしてくれます。

95

4 コスト可視化

画面 4.5 AWS Cost Explorer

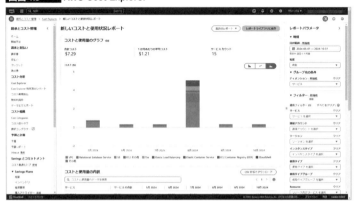

画面 4.6 Azure コスト分析

画面 4.7 Google Cloud 費用管理

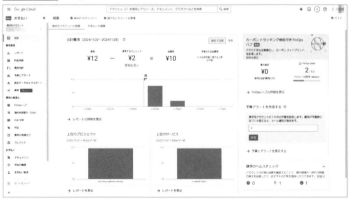

4.6 ダッシュボード作成

基本的な機能として、レポート生成、ダッシュボードのカスタマイズ、リアルタイムのコスト監視、予算設定とアラート機能などが含まれます。これらツールを使って情報共有したい場合、Web上で簡単に共有できるURLの生成や、CSVやExcel形式でのデータ出力が可能です。また、報告書など動的なデータ分析が必要ないケースであれば、画面キャプチャを通じた情報の共有も可能です。

■─── サードパーティーのダッシュボードツール

一般的にはBIツール（*Business Intelligence tools*）として、たとえば以下のようなものがあります。これらは高度な分析やカスタマイズが可能な点で、クラウドの内蔵ツールを補完します。

- Power BI 画面4.8
- Tableau（タブロー） 画面4.9
- Metabase

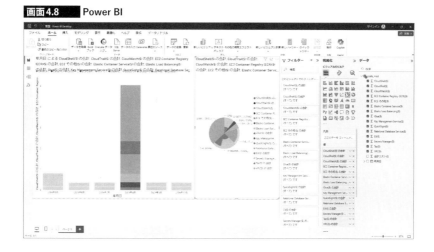

画面4.8　Power BI

4　コスト可視化

画面4.9　Tableau

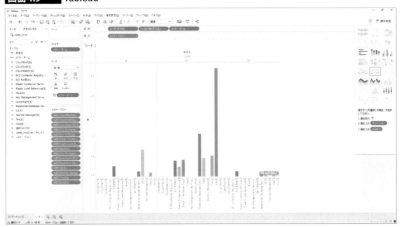

いずれのツールも基本的な機能はほぼ同等で、以下のような機能を持ちます。

- **高度な視覚化**
  棒グラフや円グラフなどの基本的なグラフから、ヒストグラムやガントチャートなどのより複雑なものまで、幅広い視覚化オプションがある。製品によっては地図データへのマッピングが行えるものもある。与えられたデータに対し、ユーザーは最も有益で視覚的に魅力的な方法でデータを表現することができる

- **直感的なUX**
  直感的なUX（*User Experience*, ユーザー体験）として、ドラッグ＆ドロップ機能と直感的なドリルダウン／ドリルアップ機能をサポートし、初心者だけでなくデータアナリストなど専門家に対しても、データ品質を犠牲にすることなく詳細な視覚化やダッシュボードを提供する。複数の表現（円グラフや棒グラフなど）に対して同時に絞り込みを行ったりできる点はこうした専門ツールを利用する利点ともいえる

- **多彩なデータソース接続**
  BIツールはデータソースを必要とするため、いずれのツールも幅広いデータ接続用のコネクターを備えており、オンプレミスに保存されているかクラウドに保存されているかに関係なく、既存のテクノロジーやさまざまなデータ形式との簡単な統合が可能となっています。こうした機能を使うことで、ユーザーはBIツール内にさまざまなソースからのデータをシームレスに集約して分析できるようになります。つまり複数のクラウド環境のコスト情報を一元集約することも可能である

- **コラボレーションと共有**
  組織内に作成したダッシュボードを共有し、コラボレーションを促進する。SaaSタイプのBIツールの場合、共有用のリンクを発行して関係者に共有できる。共有されたリンクから該当のダッシュボードを開くことが可能なため、共有を受けたユーザーはBIツールが提供するインタラクティブな操作を追加で行うことが可能となる

- **ロールベースのアクセス許可**
  BIツールには多くのデータが含まれる。ダッシュボードに対する管理や読み取りできる人のアクセス権限管理が必要である。いずれのツールもアクセス権限管理の

しくみがあるので少なからず「管理者」と「閲覧者」の2権限については準備、制御を行う。こうした機能を活用することで、データのセキュリティが確保され、意図しない変更が最小限に抑えられる

ダッシュボードの設計

　ダッシュボードの要件定義および設計は無駄なダッシュボードや使われないダッシュボードを作らないようにするために大事なプロセスです。いずれのBIツールも視覚的にキレイで操作性が良いのでついさまざまなダッシュボードを作成していじりたくなってしまいます。何も考えず作り続けると使われない不要なダッシュボードになってしまうので、最初にダッシュボード活用の目的を定めることが重要です。効果的なダッシュボードは、組織の特定のニーズに対応し、迅速かつ正確な意思決定を支援する必要があります。以下に、ダッシュボードの要件定義や設計に関する主要な観点を紹介します。

- ユーザー中心の設計
  ダッシュボードのエンドユーザーが誰であるかを明確化し、彼らのニーズに合わせて設計することが最も重要。経営層、マネージャー、開発メンバーなど、ユーザー層が異なれば異なる情報を求めていることを考慮する必要がある。必要があればダッシュボードは1つにまとめるのではなく、用途や目的に応じて複数作成することを検討する
- 情報の優先順位付け
  各エンドユーザーにとって最も重要な情報をダッシュボードの中心に配置し、ユーザーが最初に目にする情報とする。これにより、ユーザーが必要な情報をいつでも迅速に見つけられるようにする
- クリアな視覚表現
  データの視覚表現には、グラフ、チャート、色分けなどを用いて、情報を直感的に理解できるようにする。複雑なデータもわかりやすく表示することが重要。ここでも大事なのは何が必要とされる情報でそれが読み取りやすい視覚表現はどのようなものか、という観点である。BIツールにはさまざまな表現方法が用意されていますが、凝りすぎても工数ばかりかかって読み取りづらいものになるため注意が必要
- 変化に対する対応
  組織の目標や戦略が変わると、コスト管理の焦点も変わります。ダッシュボードは一度作ったら終わりではなく、環境変化や目的の変化に応じて柔軟にカスタマイズしていく必要があります。可能であれば、ダッシュボードの見直しを定期的に行えると理想的である

　ダッシュボードの設計においては、組織内の特定ニーズに合わせたアプローチを行うことが重要です。有効なダッシュボードは、クラウドコスト管理における透明性を高め、意思決定プロセスを加速させる重要なツールです。使われ続けるダッシュボードにするためには、ダッシュボードの継続的な評価と更新も、不可欠な要素です。

4 | コスト可視化

ダッシュボード作成時の注意点

本節ではダッシュボード作成を行う際にとくに気をつけておきたいポイントを3つ紹介します。

- データの正確性と完全性
- パフォーマンスの最適化
- セキュリティとアクセス制御

■——— データの正確性と完全性

コストデータが不完全または不正確であると、ダッシュボードの信頼性が低下します。すべてのデータソースを確実に統合し、データの正確性や完全性、複数データソースを跨った場合の整合性を維持することが重要です。

クラウドコストの中にはうまくプロジェクト単位や組織単位に分割できないものが存在することがあります。たとえば、オンプレミス環境とクラウド環境をつなぐ閉域ネットワークコストなどは会社として共通的に支払い(コストセンター組織でまとめて支払い)を行い、利用部門やプロジェクトに対して按分しているようなケースです。

また、コスト請求が確定する前の当月コストに関しては推定値である点にも注意が必要です。クラウドコストの最終的な締めは月末が過ぎたのちに行われて確定します。そのため、当月コストは扱い上は推定になります。

■——— パフォーマンスの最適化

コストデータも複数環境から一ヵ所に集めてこようとすると大量のデータを扱うことになります。大量のデータを扱うダッシュボードでは、パフォーマンスの問題が生じる可能性があります。扱うデータの期間や取り込むデータの範囲を調整したりすることで、データの処理と表示の効率化を行い、ユーザー体験の向上に関しても考慮します。

■——— セキュリティとアクセス制御

クラウドコストのダッシュボードには機密性の高い情報が含まれる場合があります。適切なアクセス制御を設定し、データのセキュリティを確保することが不可欠です。また、タグに機密情報が混入しないように注意することも重要です。リソースに付与されるタグ情報はそのままダッシュボードへ流れてくるため、機密情報が含まれていると不適切なユーザーに機密情報を気づかず開示されることになる場合があります。

4.7
まとめ

　本章では、クラウドコスト管理において中核となるコスト可視化の手法と具体的な実施手順について詳細に解説しました。はじめに、目標設定の重要性から解説し、その後、アカウントの集約、アクセス権の整備、タグの利用、予算の設定とアラート通知、そしてダッシュボードの作成まで、コスト管理を実現するための各ステップを順に紹介しました。

　本章を通じて、クラウドコストを可視化し、コストを正しくコントロールするための基本的なフレームワークと、それを支える具体的なツールや設定方法について学びました。とくに、タグの整備やダッシュボードの活用は、コストデータを効果的に分析し、意思決定を行う上で欠かせない要素であることが理解いただけたはずです。また、アラートの設定は予算超過を防ぐための重要な予防策として、具体的な設定方法とその効果についても詳しく述べました。

　コスト管理は単にコストを削減することだけではなく、リソースを最も効率的に利用することで最大の価値を生み出すことにつながります。適切にコスト管理するために必要なのが本章で学んだ可視化のためのさまざまな知識や技術です。最初に着手するのが目標設定なのかタグ付けなのかは、トップダウンかボトムアップかの違いであり、最終的なゴール（コスト最適化）に対してはアプローチの違いでしかありません。悩むようであればできることから、やりやすいことから試すことをお勧めします。

5章

コスト最適化の計画

本章では、コスト最適化の具体的な計画立案について掘り下げます。会社全体の経営層から、各プロジェクトチーム、さらには横断組織に至るまで、異なる立場からのアプローチを概説し、それぞれの役割に応じたコスト削減戦略を紹介します。組織全体の視点でコストを最適化する方法や、具体的なプロジェクトチームが直面する問題に対処するための戦略まで、多角的に解説していきます。また、コスト削減の過程で生じる可能性のあるトレードオフについても考慮し、どのようにバランスを取るかについても深く掘り下げます。クラウドを使いこなす上での経済的な側面と技術的な対策の両面を理解し、長期的な視野に立った継続的なコスト最適化の枠組みを構築できるようになることが目標です。

5.1
立場によるアプローチ方法の違い

本節では異なる組織や立場によって異なるコスト最適化アプローチについて深掘りします。会社全体、横断組織、各プロジェクトチームといった違いによって最適なコスト最適化戦略が異なってきます。これらを明らかにし、各立場の状況を踏まえたコスト削減アプローチ方法を紹介していきます。

コスト最適化アプローチにおける立場の種類

本書における「立場」とは、組織内における個人やグループが担う役割や責任の範囲を指します。これらの立場は、コスト管理のアプローチや戦略を決定する上で重要な要素で、各立場ごとに最適なコスト最適化アプローチ方法が異なるという点を押さえておく必要があります。今回は「会社全体」「プロジェクト」「横断組織」の三つの立場に分けて考えます **図5.1** 。

図5.1 会社全体・プロジェクト・横断組織の関係

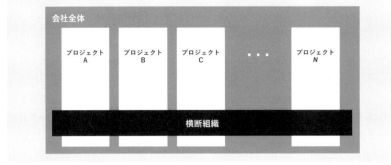

- **会社全体**

経営層や経営に近いポジションにある人々がおもに関わる立場で、会社組織全体のコスト管理と最適化に責任を持ちます。この立場からのアプローチは、全社的な視野を持ち、組織全体の利益を最大化することに焦点を当てます。

- **横断組織**

IT管理部門やクラウド専門チームなど、特定のプロジェクトに限定されず、組織やプロジェクトを横断する形でコスト管理の取り組みを行います。この立場は、組織内の異なるチームやプロジェクト間で共通のリソースを効率的に利用する方法や、全社的なコスト削減の機会を特定する責任を持ちます。

- **各プロジェクトチーム**

具体的なプロジェクトや開発チームなど、特定のサービスやプロダクトに関連するコスト管理を担当します。この立場からのアプローチは、プロジェクト固有のコスト最適化手法に着目し、会社全体や横断組織では手が出せない踏み込んだ改修を伴うコスト最適化アプローチまで検討します。

　各立場からのアプローチ方法の違いを理解することは、効果的なコスト管理戦略を策定する上で極めて重要です。それぞれの立場は、コスト削減の目標達成に対して異なる影響力と責任を持ち、特有の課題や機会を持っています。この後の章ではコストが高くなりがちな代表的なリソース（コンピュート、ストレージ、データベース、運用）に対するコスト削減施策を紹介していきます。その際、ここで紹介した組織のうち「横断組織」と「各プロジェクトチーム」の2つの立場を例に、それぞれの立場の違いによってどのような優先順でコスト削減施策の適用を考えることになるのか、それぞれのアプローチ方法を紹介していきます。これらの事例を通して、組織内の各立場での役割を理解し、適切なアプローチが取れるようになることで、全社

5 コスト最適化の計画

的なコスト効率の向上を図ることが可能となります。

会社全体としてのアプローチ

会社全体としてのアプローチは、組織全体の視点から長期的な視野でコスト管理と最適化を行うアプローチです。経営層や経営に近いポジションの人々が主導するもので、全社的な利益を最大化するため、クラウド利用に対する投資対効果を含めた戦略策定を行います。この立場からのアプローチには、以下のような具体的な観点が含まれます。

- 全社戦略の策定
- 会社としてコストに関する契約の最適化
- 人材と文化の育成

■——— 全社戦略の策定

まずは会社として全社戦略の策定が必要です。会社としてこれからどうやって稼いでいくのか方針を決める際、IT投資に対してどのような方針をとるのかもあわせて考えられます。ITに関して、お金をかけるところはどこで、減らすところはどこなのかというものです。短期的なコスト削減だけでなく、持続可能な成長を目指した長期的な視点でのコスト最適化計画の立案が必要です。会社全体として一貫した投資および削減の方針を策定し、クラウド利用するすべてのプロジェクトに対してこれらの方針が理解され、実践されるようにします。

たとえば、ある会社ではクラウド利用料が高すぎるのでオンプレミスへ戻ったほうがやすくなるという判断をすることもありましたし、別の会社では政治的事情によりオンプレミスへ回帰するといった判断もありました。BtoCサービスを提供するような会社のケースだと、利用ユーザーが増えて儲かっているような場合、儲かっているからこそ、コスト削減を可能な限り狙って利益を最大化したいと考えることもあります。この場合、次の節で紹介するような何かしらのディスカウントを組織的に狙うという判断をすることもあります。

■——— 契約の最適化

会社全体として可能なコスト削減活動として、コスト削減のための契約最適化があります。これは、いわゆる野良アカウントを会社として集約し、ボリュームディスカウントの交渉をクラウド事業会社に対して行うという方法です。

野良アカウントとは、会社として管理できていない、プロジェクト独自で手配したGmailやYahoo!メールを使った独自アカウントのことを言います。クラウド利用

は簡単に始められるので、会社のメーリングリストだけでなくGmailやYahoo!メールといった個人利用できるメールをプロジェクトに利用されることがあります。野良アカウントは会社ルールに縛られず自由にできるメリットもありますが、会社ルールから外れるアカウントなので、会社から見るとセキュリティ上のリスクやコスト上の不利益（本節でテーマとしているボリュームディスカウントの対象外になる）を抱える可能性があります。

　会社全体のアプローチとしてはこうした野良アカウントは集約してセキュリティリスクを省くと同時に、クラウド事業会社に対してはボリュームディスカウント契約を狙ってコスト削減を実現することで、セキュリティ向上と同時にコスト最適化を目指します。

　たとえば、会社規模で見るとAzureのMicrosoft Azure Consumption Commitment（MACC）のような契約があります。会社が長期にわたり一定の利用を約束することでディスカウントを得るしくみです。契約金額が高額になるため、会社中の野良アカウントをかき集めて会社レベルでの交渉を行うことになります。MACCのような大型契約でなくても、各種リソース固有のボリュームディスカウントもありますが、それらについては以降のリソース別コスト最適化の章（6〜9章）で紹介していきます。

■──── 人材と文化の育成

　長期的にコスト最適化を考えられるよう、人材と文化の育成も必要です。クラウドは使った分だけの課金である点がメリットである反面、コスト管理は利用者にゆだねられています。つまり、利用者にコスト意識がなければ貴重な資金を垂れ流してしまうことになります。クラウドを利用する組織や人材に対して、コスト意識を持てるようにし、効率化を考えられるような文化を育成することで対策します。ただ、「コスト意識を持ちましょう」と言って持てるわけではないので、基本的には教育やトレーニングが主体になります。

　コスト管理手法の一般的な知識は本書で取り扱ってもいますが、実務レベルの細かな点までいくと会社独自になっているケースがほとんどです。教育やトレーニングでは、実務として必要となるコスト管理のしくみやルールについても学ぶ機会を提供できるようにしていきます。

　残念ながら、クラウドサービス側からのコスト管理やコスト最適化に関するセミナーや研修のような情報提供はあまり期待できません。クラウドサービス側からするとどうしても売上減少施策となるため、あまり積極的には動けない事情があります。そのため、実際にはコスト管理やFinOpsといった内容をテーマとした勉強会やセミナーに参加するのが簡単な方法になります。ただ、こうしたセミナーや勉強会はいつも開催されているわけではないので、現実的には自社でノウハウをためつつ、定期的に自社独自の研修を計画するのが現実的なアプローチになります。

105

5 コスト最適化の計画

■───── トップダウンアプローチ

　会社全体としてのアプローチは、トップダウンでの取り組みが特徴です。組織全体のコスト効率を最大化するためにどうしたら良いか、という観点からアプローチを考え、適用していきます。クラウドサービスの場合、会社として契約最適化のようなコスト最適アプローチを行ったとしても、柔軟性が損なわれるわけではなく、従量課金の部分が残る部分もあります。こうしたバランスをとることで、会社が行うトップダウンアプローチは、市場の変化に柔軟に対応できる状態を残しつつ、長期的な目線で持続可能な成長を実現するための基盤を築くことが目指せます。

横断組織としてのアプローチ

　横断組織としてのアプローチは、会社内の異なる部門やプロジェクトを横断して、コスト管理と最適化を行う戦略です。一般的によくあるのは、IT管理部門やクラウド推進専門の部隊がこうした役割を担い、組織全体のリソース利用の効率化やコスト削減の機会を探し出します。横断組織としてのアプローチには、以下のようなものがあります。

- コスト削減機会の特定
- 組織やプロジェクト共通リソースの集約
- ポリシーとガイドラインの策定

■───── コスト削減機会の特定

　横断組織として行えるコスト削減アプローチは、あまりシステム影響がでないもので、かつコスト削減の1つずつが小さくても多数対応することでコスト削減のメリットが出せるものになります。

　たとえば、**図5.2** のように使われていない不要なデータベース、ストレージ、運用ログなどを削除したり、稼働状況が良くないサーバーサイズを調整したりです。障害対応やテスト、検証といった用途で一時的にリソースを用意することはよくあります。こうした状況でよくあるのが消し忘れです。改めて、作成されているリソースの見直しを行い、使用頻度・利用頻度が少ないリソースに関しては追加で調査をしたりします。

図5.2 使われていないリソースの削除

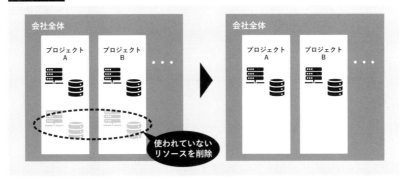

　横断組織の場合、システム内部の詳細までわからないことが多いので、あまり踏み込んだ対応はできませんが、多数の組織やプロジェクトを見ているという状況から小さな対応を積み重ねるといった規模の効果が狙えます。ですので、1つずつの施策効果は低くても数で効果が出せるものが狙い目になります。

■──── **組織やプロジェクト共通リソースの集約**

　組織やプロジェクトを横断して確認できるからこそ、異なるチームやプロジェクト間で共有できそうなリソースの使用状況を分析し、共通化させるというアプローチもあります。

　たとえば、運用監視、証明書管理、ストレージ、ソフトウェアライセンスなどは共通化しやすいリソースです **図5.3** 。運用監視の共通化であれば、監査目的のシステムを共通基盤化したり、よく使われる監視サービスに対してボリュームディスカウントの調整をするなどの方法があります。現時点で稼働しているシステムに対して変更を依頼することは難しいので、影響が社内側へとどまる監査であったり、ボリュームディスカウントを狙うことになります。ボリュームディスカウントの観点では、よく使われる監視サービス以外にも、ストレージやソフトウェアライセンスといったものも共通化することで、コスト削減を狙えます。

5 コスト最適化の計画

図5.3 重複リソースの共通化

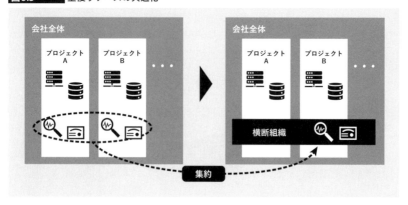

■──── ポリシーとガイドラインの策定

クラウドの良いところは簡単に始められて必要な量しか課金されない点ですが、自由度が高いと誤って高額リソースをデプロイしてしまうこともあります。こうした誤操作を防ぐためにも一定のルールを作成し、ポリシーとして利用組織やプロジェクトに対して遵守を促す必要があります **図5.4**。

ルール化する内容としては、たとえば以下のようなものが考えられます。

- GPUマシンやデータ分析エンジンなど高額リソースの利用は申請制にする
- 開発・検証・テストマシンは自動シャットダウン設定を入れる
- 障害対応でデプロイする場合、障害チケット番号をタグに入れる
- リソース名に入れる

図5.4 利用ルールの策定

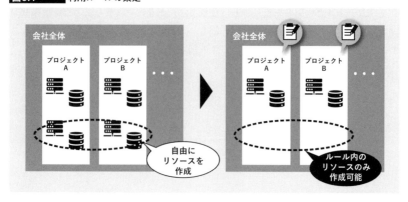

立場によるアプローチ方法の違い **5.1**

　他にも考えられますが、以降の章で各種リソースの削除に関するテクニックが出てくるので、それらを参考に検討してください。これらルールはとくに開発環境に関しては自由度が高くなりがちなので、ルールの徹底が必要になってきます。前述のルール化以外にも、最適なリソース利用のためのベストプラクティスやガイドラインを提供し、コスト削減のための標準手順を啓蒙していくことも大切です。

　横断組織としてのアプローチは、組織全体のリソースをより汎用的な側面から効率的に利用できるようにするアプローチです。各組織やプロジェクトでの対応はわかりやすいですが、横断組織という立場だからこそできるアプローチもあることは大切なポイントです。

各プロジェクトチームとしてのアプローチ

　プロジェクトチームとしてのアプローチは、より実務に近い立ち位置だからできる踏み込んだアプローチになります。特定のプロジェクトやアプリケーションに対してコストを詳細分析し、効果の高いところから最適化を行っていきます。この立場では、プロジェクト範囲内に限りますが、直接コントロール可能なリソースやサービスが多くあるため、システムの非機能とコスト効率のバランスが取りやすい環境にあります。以下は、各プロジェクトチームが採用すべき具体的なアプローチの観点です。

- アーキテクチャの最適化
- コストを意識した開発
- チーム内のコスト意識の醸成
- コストモニタリングと分析

■――― アーキテクチャの最適化

　クラウドが提供するコスト管理ツールを利用し、月次コストにおいて、リソースごとに表示されるパイチャートを確認することで、当該システムにおいてコスト占有率が高いリソースを特定することができます。コスト最適化の対象リソースが特定できれば、あとは該当リソースの利用を最適化することで、不要なコストを削減が可能です。各プロジェクトのコスト削減アプローチの良さといえるのが、システムの内容やリリースサイクルといった状況がわかっているからこそできる、コストがかかっているリソースに対して真正面から対応できる点です。各プロジェクトの取り組み方の基本はコストがかかっているリソースから愚直に対応する方法です。

　よくコストが高いリソースとして名前が上がるのは以下の4種類です **図5.5** 。それぞれの具体的なコスト最適化手法は後の6〜9章でそれぞれ詳しく解説していきます。

109

5 コスト最適化の計画

- コンピュート(仮想マシン)
- ストレージ
- データベース
- 運用ログ

図5.5 コストが高くなりやすいリソースと対処(概要)

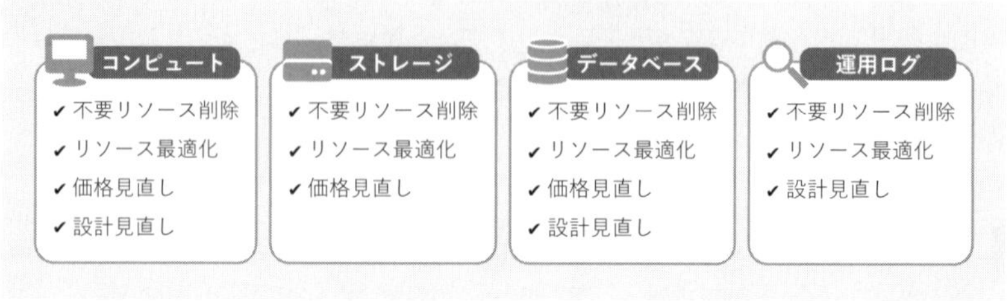

コンピュート	ストレージ	データベース	運用ログ
✔ 不要リソース削除	✔ 不要リソース削除	✔ 不要リソース削除	✔ 不要リソース削除
✔ リソース最適化	✔ リソース最適化	✔ リソース最適化	✔ リソース最適化
✔ 価格見直し	✔ 価格見直し	✔ 価格見直し	✔ 設計見直し
✔ 設計見直し	✔ 設計見直し	✔ 設計見直し	

■——— コストを意識した開発

前述のアーキテクチャ最適化は、コストがかかりすぎていることが問題となってきた後にコスト最適化を目指していますが、そもそも本来は開発する時からコスト意識をもって開発を進める方がより効果的です。

昨今、インフラの調達費用がさがったことにより、多少パフォーマンスがでないアプリケーションだったとしてもお金をかけてハイスペックマシンを用意すればどうにかなる、という考えが増えているように感じます。コスト効率という観点からいうと、逆行している考え方です。普段のアプリケーション開発においてパフォーマンスが十分向上できていれば、インフラコスト自体も減らせます。

また、利用できるのであればOSSを利用することでライセンスコストの削減なども可能です。商用で利用するデータベースの場合、何かあったときの保険として有償データベースを利用するケースもあります。こうした小さな保険の積み重ねで助かることももちろんありますが、保険をかけすぎればコスト増加につながります。OSSを利用しようとすると、会社として問題解決できる技術力を身につける必要が出てきますが、インフラコストを下げることも可能になってきます。

普段の開発からコスト意識をもって開発していくと、技術力向上につながりますし、技術力が向上すれば、コスト削減にもつながってきます。

■——— チーム内のコスト意識の醸成

前述したようなコストを意識した開発をしようとしても、コストに対する意識はすぐに醸成できるものではないので、簡単には実現できません。普段からチームメンバー全員がコストに対する意識を共有し、日々の作業においてコスト効率を考慮

する文化を育成していく必要があります。また、コスト効率を考えた設計や実装というのは、パフォーマンスの良いアプリケーションやシステムの開発と同じです。パフォーマンスの良いシステム開発をしようとすると、要件や仕様に対する理解だけでなく、利活用するサービスや技術に対する深い知識が必要となります。意識に関しては付け焼刃で何とかなる話ではないので、地道に醸成していく必要があります。

■──── **コストモニタリングと分析**

プロジェクトでコスト最適化を狙う場合、対応できることが多くあります。一番取り組みやすい方法は、エンハンス開発[*1]の中にコスト最適化に関する取り組みを混ぜていくやり方です。システムのパフォーマンス改善やユーザー影響の少ないバグ修正などでもよくやるやり方です 図5.6 。

図5.6　コスト最適化の流れ

プロジェクトでコスト最適化を行う場合、できることが多いので、利用しているリソースに対する深い洞察も必要になってきます。そのため、まずはプロジェクト固有のコストをリアルタイムでモニタリングし、分析できるようタグ付けルールを徹底し、詳細に分析できる環境の構築を行います。その上で、各リソースのコスト効率を評価し、改善の機会を特定するようにします。必要に応じて、コスト効率を定期的にレビューし、対応を行うようにします。

プロジェクトチームとしてのアプローチは、プロジェクト固有の事情に対して直接的に対応することができるため、コスト最適化の効果が高いところからコスト最適化を図ることができます。

[*1]　エンハンス開発（*enhance development*）とは、既存のシステムやアプリケーションを改善または拡張する開発を指します。

5 コスト最適化の計画

5.2
クラウドのコスト最適化支援ツール

　クラウドのコストを効率的に管理するためには、各クラウドサービスが提供する「コスト最適化支援ツール」の活用が重要です。本節ではその概要と利用時のポイントについて解説します。

推奨事項ツール

　各クラウドサービスではクラウドをより効率的に利用できる支援ツールとして、コスト最適化に関連する推奨事項を提供する支援ツール（以降、コスト最適化支援ツール）を提供しています。

- Amazon Web Services（AWS）➡ AWS Trusted Advisor
- Microsoft Azure　　　　　　➡ Azure Advisor
- Google Cloud　　　　　　　➡ Recommender

　コスト最適化を検討する基本のアプローチ方法は前述までのとおりですが、手っ取り早く対応したい場合、コスト最適化支援ツールを参照する手段も考えられます。コスト最適化支援ツールを積極的に活用していくことは、クラウドサービスを効率良く利用するためにも非常に重要です。

　コスト最適化支援ツールは、アカウント内の利用状況を分析してコスト節約のための参考情報を提供してくれます。たとえば、利用していないリソースの特定や、リソースのサイズダウンの提案、予約プランの提案などがあります。最終的に適用するかどうかはサービスごとに判断が必要ですが、有用な情報が提供されるので、企業全体のクラウドコストを効果的に管理し、最適化するための第一歩としても、定期的に確認することがお勧めです。

■──── 推奨事項を参照する際の注意点

　コスト最適化支援ツールを利用する際、覚えておきたいポイントが「推奨事項も完全ではない」という点です。

　各クラウドサービスが提供するコスト最適化支援ツールで表示される推奨事項の種類は限定的です。あらゆるリソースや条件に対応しているわけではありません。これだけやっておけば大丈夫、というわけではなく、あくまでクラウドサービス側がよくある事例を参考に作成している推奨事項であることに注意しておく必要があ

コスト削減のトレードオフ **5.3**

ります。

　あくまで参考として、それで十分なのか、実際適用するかどうかなども含めて考える必要はあります。

5.3
コスト削減のトレードオフ

コスト最適化を追求する際に忘れず考慮したいトレードオフについて解説します。セキュリティ、信頼性、パフォーマンス、運用効率とのバランスをどのように取るかを紹介し、実践的な戦略を考慮するうえで必要となる観点を提供します。

トレードオフの理解と評価

　コスト削減を検討する際、必ずコストとのトレードオフの存在があることを考慮します。これらトレードオフを正確に理解し、適切に評価することは、組織が持続可能な成長を達成し、長期的なビジネス目標に沿った戦略を策定する上で非常に重要です。トレードオフを考慮する際に参考になるのが、各クラウドサービスが提唱するクラウド利用のフレームワークです。

- Amazon Web Services（AWS）➡ Well-Architected Framework
- Microsoft Azure　　　　　　➡ Well Architected Framework
- Google Cloud　　　　　　　➡ アーキテクチャフレームワーク

　これらフレームワークには以下に示す共通する設計時に考慮すべき観点が挙げられています。

- コスト
- セキュリティ
- パフォーマンス
- 信頼性
- 運用効率

　これら設計時に考慮すべき観点に基づいて、以下ではコストとのトレードオフを深堀していきます。

113

5 コスト最適化の計画

■──── コストとセキュリティのバランス

なかなかあきらめることが難しい、かつ投資するにも見えないリスクに対するものなので判断しづらいのがセキュリティです。

図5.7 さまざまセキュリティ対策

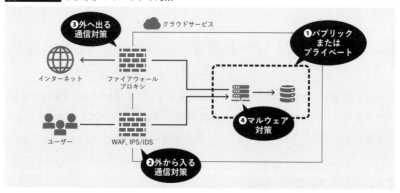

まず、ネットワークの観点 図5.7 ❶からはパブリック公開された環境に配置するのか、閉域化されたプライベートな環境に配置するのかで料金が変わってきます。閉域化しようとすると、各種追加リソースや追加設定が必要となりこれらがコストにつながります。外から入ってくる通信のチェックでよく利用されるWAF（*Web Application Firewall*）やIPS（*Intrusion Prevention System*, 侵入防御システム）/IDS（*Intrusion Detection System*, 侵入検知システム）、DDoS（*Distributed Denial of Service*, 分散型サービス拒否）対策などといったセキュリティソリューションも、入れるかどうかで料金は変わります 図5.7 ❷。中から外へ出ていく通信のチェックでは、ファイアウォールやプロキシといったソリューションを利用するかどうかになります 図5.7 ❸。システムが稼働しているマシン自体に対するセキュリティ対策としてマルウェア対策ソリューションの導入などがあれば、そうしたものもお金がかかります 図5.7 ❹。

セキュリティは妥協できない重要な要素ですが、過剰なセキュリティ対策はコストを不必要に増加させます。セキュリティの最小要件をまず定義し、その要件を満たしつつ、コスト効率の良い対策を選択することが重要です。たとえば、外から入る通信に対する対策を考える際、WAFだけに留めるのか、WAF, IPS/IDS, DDoS対策に至るまですべて含める必要があるのか、という判断があります。外へ出ていく通信であれば、ファイアウォールやプロキシのようなフィルタリングを行う必要があるのかないのか、の判断があります。当然、必要であれば導入を検討しますが、こうしたセキュリティ製品はクラウドベンダーが提供しているサービス以外にも、サードパーティ製のものも数多く存在します。予算と利便性からどのソリューションを選ぶのが良いのか、しっかりと事前に考えておく必要があります。

■ コストと信頼性のバランス

システムを常に使える状態にしようとすると、できるだけ稼働時間を延ばし、障害発生したとしても素早く復旧できる状態を目指す必要があります。システムの信頼性には「止まりにくくするため」と「止まった場合に素早く回復するため」の二つの観点があります。

1つめの止まりにくくするための施策としてよく挙がるのが冗長構成です 図5.8 。クラウド利用する際、オンプレミスとの違いで忘れやすい点も冗長構成です。クラウドはオンプレミスと違い毎日何かしらの変更が行われています。ラックレベルやデータセンターレベルで止まることは思っているよりも発生しています。数年に1回くらいこうしたものでも大きな障害が発生し、いまだに冗長構成が組めていないサービスが止まってニュースやX（旧Twitter）で情報が流れたりしていることは、記憶に新しいかと思います。前述のような障害で止まるのが困るのであれば、一般的にはゾーンレベルの冗長構成が推奨されますが、当然コストがかかります。また、IaaS（仮想マシン）で冗長構成をとる場合、前段にロードバランサーが追加で必要となるので、さらにコストがかかります。PaaSやFaaSの場合、前段のロードバランサーが不要にできるケースがありますが、元のシステムが仮想マシン上で稼働している場合、移行が必要な場合があります。

図5.8 システムの信頼性と2つの施策

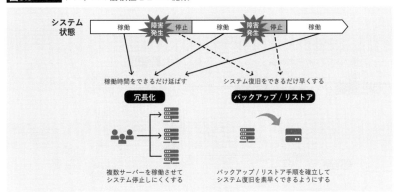

2つめの素早く回復するための施策としてよく聞くのがBC/DRです。平易に言い直せば、バックアップとリストア手順の構築です。リストア手順に関してはバックアップの方針に依存しますし、人力が占める部分も多い（クラウドコストとは違うコストになる部分が多い）のでここでは深堀しません。バックアップに関してはどこにどれくらいの頻度でどれくらいの量を保管するかで料金が変わってきます 図5.9 。遠隔地に保管する場合（たとえば、東京に保管されたデータに対して大阪にもバックアップする場合）、データ転送に通信料が加わる場合もあるので注意が必要です。

5 コスト最適化の計画

図5.9　バックアップ頻度と期間

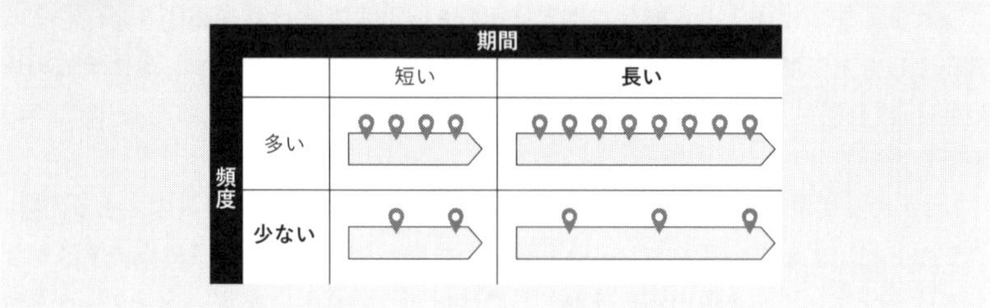

	期間 短い	期間 長い
頻度 多い		
頻度 少ない		

　バックアップは基本的に保存しているデータ量に対して課金されるので、バックアップ頻度やバックアップ期間、バックアップ元データ量が増えれば料金が増えます。ただ、減らすとなると頻度を落とすか、保管期間を短くするかになります。頻度を減らすのであれば、バックアップ間隔が長くなるので障害発生時にデータロスが多く発生する可能性が出てきます。保管期間を短くするのであれば、ランサムウェアのように侵入されてから発現するまで時間が意図的にかけられていた場合、正常な状態に復旧できないケースも考えられます。

　システムに対する高い信頼性を確保するためには、システムの冗長性が必要ですが、これはコスト増加につながります。セキュリティと同じで、必要最低限の冗長性がどれくらいなのかを定義し、その最低限を確保しつつ、コストを管理する方法を模索する必要があります。

■── **コストとパフォーマンスのバランス**

　システムパフォーマンスもコストと関連します 図5.10 。

図5.10　パフォーマンスとコスト

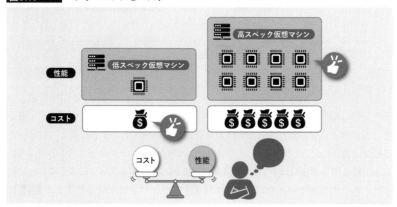

　わかりやすい例として、仮想マシンについて見ていきましょう。

アプリケーションの開発現場では、高スペックなCPU処理や大量のメモリを要求するようなアプリケーションができてしまうことがあります。クラウドはこうした高いパフォーマンスが必要となるような処理であったとしても、コストが許されるのであれば高スペックマシンを選択でき、解消できる余地があります。アプリケーションの改善が時間として間に合うのであれば、改善を検討しますが、間に合わないケースではコスト増を受け入れるケースもあります。

また、アプリケーションサーバーやデータベースサーバーで仮想マシンを使っている場合、スペックの低いモデルを利用していると、サーバーリクエストが多すぎたときに処理が追い付かずサーバーエラーを発生させてしまう場合があります。当然、ハイスペックモデルを利用すれば処理は滞りなく進むようになりますが、コストはかかります。本来、このようなケースでは水平スケールで対応することが理想的ですが、アプリケーションが水平スケールに対応していないことが多くあります。そうすると、垂直スケールになるため、サーバースペックの向上での対応になります。クラウド利用においては可能な限りギリギリで利用するのがコスト効率的には理想的です。ただ、実際は垂直スケール対応の場合、ギリギリで運用すると突発的なイベントで負荷が超えてしまう可能性があるので、多少の余白を作らざるを得ません。

クラウド利用すれば、処理性能および開発時間の問題をお金で解決することが可能です。あまり考えずにお金での解決へ倒してしまえばコスト増加へ直結します。システムに対してどれくらいの余白を認めるのかあらかじめ決めておくことで、アプリケーションのパフォーマンス要件を満たしつつ、不要なリソース消費を避け、コスト最適化が行えるようになります。

■——— コストと運用の効率のバランス

クラウド利用を始めたばかりだと **図5.11** のような運用の自動化まで進んでいないケースもありますが、運用の自動化は長期的にみると運用コスト削減につながります。実際行おうとすると、初期導入でコストがかかるため、運用が安定して必要になったタイミングで取り組む判断をすでにされているところも多いかと思います。

図5.11 運用自動化の例

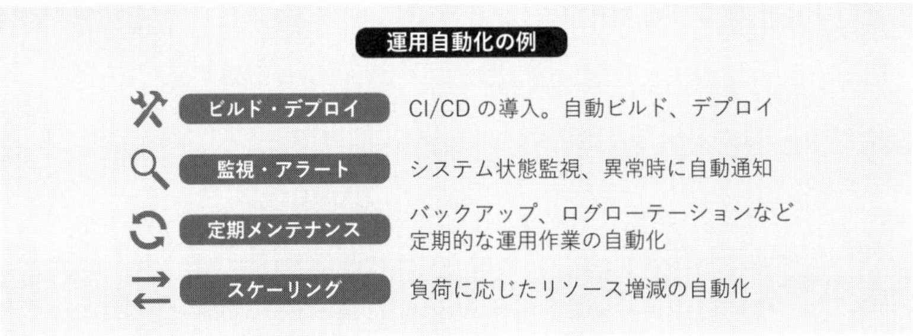

5 コスト最適化の計画

　ここでポイントなのは、人件費です。運用は人件費といううやむやにされがちなコストがかかっています。運用担当がどうにかできているからそのまま放置という考えもありますが、実際の世の中はどんどん進化していますので、運用担当者の工数には余白を持たせて新しいことに取り組める状態を作っていく必要があります。運用の自動化は将来への投資という意味で価値がありますが、すべてを自動化することが常に最適とは限らず、場合によっては手動運用の方がコスト効率が良いこともあります。現状稼働しているサービスの状態を見て、適切なバランスを検討する必要があります。

優先順位の設定

　コスト削減の取り組みを効果的に進めるためには、コストとのトレードオフに対して優先度の明確な設定が不可欠です。組織のビジネス目標、リスク許容度、および現状で利用可能なリソースなどに基づいて、どのトレードオフファクターがどの程度優先されるのか、逆に一定レベルを落とせるのかを検討する必要があります。

■─── 非機能要求グレードとは

　優先度の設定にはIPA（独立行政法人情報処理推進機構）が提供する「非機能要求グレード」★2 が参考になります。非機能要求グレードにて提供されるモデルシステムシート 表5.1 を使って稼働中システムがどの程度の社会的影響があるのか大きく3段階から分類します。モデルシステムシートには、それぞれの社会的影響レベルで求められる非機能レベルが各種観点（可用性、性能・拡張性、運用・保守性、移行性、セキュリティ、システム環境・エコロジー）ごとに定義されています。各観点の定義を見ながらクラウドにあてはめてレベル感を決めていきます。注意点としては、非機能要求グレードに定義される観点が各クラウドサービスが提唱するフレームワークの観点と完全に一致するわけではない点です。ほぼ網羅はされていますが、運用効率化に関しては非機能要求グレードに存在しないので、この観点だけはクラウド向けに独自で検討する必要があります。

★2　参考 「システム構築の上流工程強化（非機能要求グレード）紹介ページ」(IPA)
　　　URL https://www.ipa.go.jp/archive/digital/iot-en-ci/jyouryuu/hikinou/ent03-b.html

コスト対効果 **5.4**

表5.1 モデルシステムシート（抜粋）

項目	社会的影響が ほとんどないシステム	社会的影響が 限定されるシステム	社会的影響が 極めて大きいシステム
システム概要	企業の特定部門が比較的限られた範囲で利用しているシステムで、機能低下や利用不可能な状態に陥った場合、利用部門のみに影響があり、他に影響しないもの	企業活動の基盤となるシステムで、その機能が低下または利用不可能な状態に陥った場合、当該企業活動に多大な影響を及ぼすとともに取引先や顧客などの外部利用者にも影響を及ぼすもの	国民生活・社会経済活動の基盤となるシステムで、その機能が低下または利用不可能な状態に陥った場合、国民生活・社会経済活動に多大な影響を与えるもの
可用性	・1年で数日程度の停止まで許容される ・大規模災害時はシステム再構築で復旧	・1年で1時間程度の停止まで許容される（稼働率99.99％） ・大規模災害時は1週間以内での復旧	・1年で数分程度の停止まで許容される（稼働率99.999％） ・大規模災害時はDRサイトでの業務継続
性能・拡張性	・大まかな性能目標はあるが、他の要求より重視しない	・性能面でのサービスレベルが規定される	・性能面でのサービスレベルが規定される
運用・保守性	・業務時間内のみのサービス提供 ・必要なデータのみ手動バックアップ	・夜間バッチ処理完了後、業務開始まで若干の停止時間を確保 ・システム全体のバックアップを日次で自動実行	・常時サービス提供が前提 ・運用サイトと同期したDRサイトを構成
移行性	・移行日程は十分確保される	・移行のためにシステム停止が可能	・移行のための停止時間は最小限に留める
セキュリティ	・セキュリティ対策を施すべき重要な資産を持たない	・セキュリティ対策を施すべき重要な資産はあるが、特定の相手のみとつながっている	・セキュリティ対策を施すべき重要な資産はあり、不特定多数の利用者にサービス提供される
システム環境・エコロジー	・法律や条例などの制限はない	・法律や条例などの制限が多少ある	・法律や条例などの条件あり

5.4
コスト対効果

　コスト削減施策はできることをなんでも実施すれば良いというわけではありません。施策の具体的なコストとその効果を定量化し、資源を効率的に活用する方法を検討する必要があります。

5 コスト最適化の計画

コスト対効果の評価

　限られた資源の中で活動しなければならない環境において、コスト対効果の評価は重要な要素です。コスト削減の取り組みを評価する際には、単にコストを下げることだけでなく、コスト削減を実現するために必要となるコストと得られるコスト削減効果を考慮する必要があります 図5.12 。

図5.12　コスト対効果の検討項目例

■──── コスト削減効果の定量化

　まずは実施しようとしているコスト削減の効果を定量化していきます。この際、コスト削減の取り組みに伴って得られるインフラコストだけでなく、人件費・外注費、ライセンス費用なども忘れずに考慮に入れます。他にも見えにくいコストとして、たとえば、メンテナンスコスト、将来的なアップグレードコストなども含めるようにします。

　効果を定量的に測定することが難しい場合、定性的な評価も検討します。コスト削減を顧客還元できるのであれば、顧客満足度の向上やブランドイメージの改善など、数値化しにくい効果も重要な評価対象になります。

　コスト削減の効果を評価する際には、短期的な利益だけでなく、長期的な影響も考慮に入れます。持続可能な成長や市場競争力の向上といった長期的な視点が重要です。

■──── 施策実施コストの定量化

　コスト削減も簡単には実行できないので実施するために人をアサインして実現していく必要があります。コスト削減施策を実施するため、どのような作業がどれく

らい必要なのか定量化を行っていきます。

　大まかには調査、検討、実施、効果確認が必要になってきます。各フェーズで見積もりを出していけば大まかに作業コストが出てきます。注意点としては立場によって実施することや方針が異なるので、作業コストのかかり方が変わる点です。たとえば、横断組織として対応する場合、調査や実施は関係者が多く調整がかなり必要となるため、時間が多くかかってしまう可能性があります。

■———— 費用対効果を考慮した方針決定

　費用対効果を考慮すると、対応コストがかかりすぎてコスト削減効果を上回れないケースに気づくことがあります。

　たとえば、100円/月削減できるようなコスト削減施策 **図5.13** があったとして、その対応に数人日以上かかるというものであれば、コスト削減効果を感じられるまでにかなり年月を必要とします。実質的にコスト削減することの方がコストがかかるという矛盾が起こります。なんでもコスト削減していけばいいわけではなく、コスト対効果を考慮し、コスト削減効果が十分に得られない施策は対応しない、あきらめるということも大切です。

図5.13　費用対効果を考慮した判断例

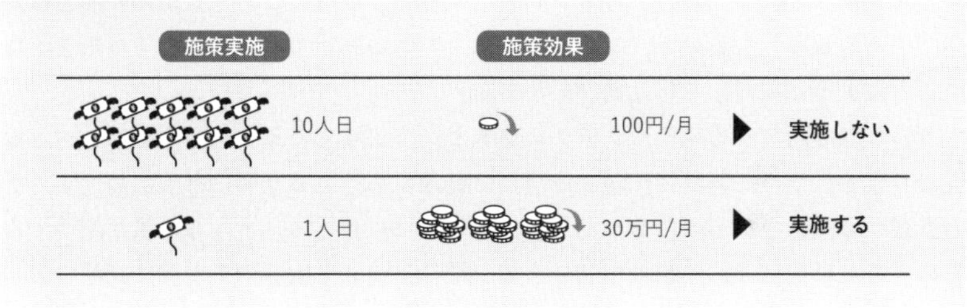

効率的なコスト削減戦略

　コスト削減をしようとした際、どのような施策を適用していくと良いかは、立場によって方針が異なります。

　本節で紹介するのは、「システム影響」と「コスト占有率」の2軸をベースにコスト削減施策の方針を検討する方法です。「システム影響」はコスト削減施策実施に伴って発生するシステム改修の規模が大きいか小さいかというものです。「コスト占有率」は当該システムのコストにおけるコスト比率で、どのサービスがコスト占有率が高いか、低いかというものです。

5 コスト最適化の計画

■ ―― 立場の違いによるアプローチの違い

前述の「システム影響」と「コスト占有率」の2軸で分解すると 図5.14 のように分解できます。この図からわかるとおり、「横断組織」や「各プロジェクト」といった立場によってコスト削減に対するアプローチ方法が変わってきます。

図5.14　システム影響とコスト占有率

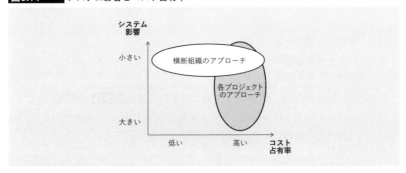

横断組織の立場である場合、システム影響を大きく及ぼすような変更はできません。可能な限りシステム影響が少ない変更でコスト削減を実現していく方法を検討することになります。一方、コスト削減効果という観点だと、横断組織の場合は対応できる数が多くなるので、コスト削減効果の低い施策であったとしても数をこなすことによる効果が出る可能性があります。

サービスを所有する組織やプロジェクトという立場であると、横断組織と状況が変わります。サービス自体に対する修正は普段から行える立場にあるため、システム影響が多少大きなものであったとしてもそれに見合うコスト削減効果が期待できるのであれば実施検討の余地があります。逆に、コスト削減効果が薄い施策に関してはコストをかけてもかけた分のコストも取り返せないような状況になる可能性があります。コスト対効果があまり期待できない施策に関しては対応できません。

コスト削減施策とシステム影響

「システム影響」は、コスト削減施策を実施した際に発生するシステムへの改修影響度合いと紹介しました。システム影響が小さい施策は、現行システムの構成を変更せずにコストを削減できるような施策です。一方、システム影響が大きい施策とは、現行システムのアーキテクチャを変更したり、アプリケーションの改修を伴うような修正コストが発生する施策です。

では、具体的にどのようなコスト削減施策がシステム影響が大きいまたは小さいのでしょうか。コスト削減施策という観点では大きく4種類があります。ここではこれ

ら4種類のコスト削減施策とそのシステム影響の関係性について整理します 図5.15 。

図5.15　コスト削減施策とそのシステム影響

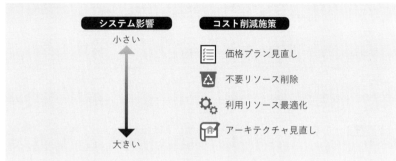

　価格プラン見直しは、各クラウドサービスが提供する予約プランの利活用です。不要リソース削除は、施策名どおり使われておらず放置されたリソースの削除です。利用リソース最適化は、過剰スペックになっているリソースを適切なスペックに下げていく施策です。アーキテクチャ見直しは、新しいサービスを活用するなどコスト削減を目的とした作り直し施策です。ここでは概要に留めていますが、それぞれの詳細を各リソースごとに後ほど紹介していきます。

利用中サービスのコスト占有比率

　「コスト占有率」軸は、コスト削減施策を実施した結果得られるコスト削減効果、メリットに等しくなります。この軸に関してはパレートの法則（2：8の法則）に従って対応するのが王道です。つまり、コスト占有率の高いいくつかのリソースに対する対策がコスト削減効果が高い施策になり得ると判断できます。すべてのリソースに対してコスト削減を実施していくわけにもいかないので、コスト占有率上位のものをいくつかピックアップして対策していくことを考えます。

■──コスト占有率の確認から施策検討まで

　どのリソースがコスト比率の高いリソースになっているかは運用している実際のサービスに依存します。クラウドサービスが提供するコスト分析ツールを使ってどのリソースがコスト比率が高いか確認が必要です。 画面5.1 はAWSのコスト分析を使ってあるサービスのコスト分析をしている様子です。

5 コスト最適化の計画

画面5.1 コスト分析（AWS）

画面5.1 によると、コスト占有率が高い順に上位3位は以下のようになっていることがわかります。

- ❶ データベース　　→ Relational Database Service
- ❷ ロードバランサー　→ Elastic Load Balancing
- ❸ コンピュート　　　→ EC2インスタンス

この3種類のリソースでコストのおおよそ85％を占めています。コスト占有率の高い順にデータベース、ロードバランサー、コンピュートの順でコスト削減施策を検討していきます。たとえば、データベースに対する施策であればより安いモデルへの見直しやOSSの切り替えを考えたりします。ロードバランサーはセキュリティ要件から変更が難しいケースが多いですが、コスト削減を検討するパターンとしてはクラウドサービスのロードバランサーではなく仮想マシン上にOSSを稼働させて代替する手段がよくあります。コンピュートに対する施策だと、安いモデルへの切り替えや予約などのディスカウントプランの適用を検討します。

この図はあくまでも例であるため、実際の状況はご自身の扱っているサービスごとに違う点に注意してください。まずはご自身が運用している環境のコスト占有比率をご確認いただき、前述のようにコスト占有率が高い順にどんな施策ができるか検討していきます。

■──── **コスト占有率が高いことが多いリソース**

一般的なWebアプリケーションであれば以下のようなリソースがよく使われ、コスト比率が高くなる傾向にあります。また、本書で扱うコスト削減施策対象となるリソースです。

- コンピュート（仮想マシンなど）
- ストレージ
- データベース

・運用（ログ）

　これらのリソースに対するコスト最適化施策の具体的内容に関しては、後の章で後述します。

■─── 本書で扱わないリソースに対する考え方

　前節の事例には上記に含まれない「ロードバランサー」のリソースがありました。本書で具体的に扱わないリソースに対してどう考えると良いでしょうか。

　コスト最適化施策の抽象的な対応検討項目は以下のとおりです。

❶不要リソースの削除（使われていないあるいは消し漏れの削除）
❷リソースの最適化（オートスケール、ティアやタイプの見直しなど）
❸価格見直し（ディスカウントの適用、OSSへの移行）
❹アーキテクチャ見直し

　検討項目のタイトルが抽象度が高いため、実際には各リソースに対して具体化して落とし込む必要があります。ただ、検討する方針の参考にはなるので、ぜひ本書で扱わないリソースに遭遇したとしても、前述の検討項目を参考にコスト最適化施策を検討してみてください。

5.5
まとめ

　本章では、クラウドコストの最適化を立場ごとに異なるアプローチで詳細に掘り下げました。

　経営層、横断組織、そしてプロジェクトチームごとに異なる戦略を展開し、それぞれに最適な方法でコスト削減と効率化を図ることが重要であることを紹介しました。とくに、コストとセキュリティ、信頼性、パフォーマンス、そして運用効率との間にはトレードオフが存在し、これらを適切に管理することが組織の持続可能な成長を支えるポイントとなります。また、コスト対効果の観点から、各施策の実施前にはコストと得られる利益を慎重に評価する必要があることについても触れました。施策は何でも実施すれば良いわけではなく、効果のあるものに絞って適切に実施していく必要があります。

　本章を通じて、クラウドコスト管理の複雑さと、より戦略的なアプローチについて詳しく紹介しました。

6章

コンピュートコストの最適化

コンピュートコストは、クラウド環境における最大の支出項目の一つです。本章では、コンピュートリソースのコストを効率的に削減していく手法について、具体的なアプローチを紹介します。大まかには、不要なリソースの削除から始め、リソースの最適化、FaaSやPaaSへの移行、価格プランの見直し、そしてシステムの再構築（リアーキテクト）といった順に、段階的に進めていきます。各手法を通じて、クラウドコストでもとくにコンピュートに特化した最適化を実現していきます。

6.1
リソースの削除

本節では、未使用のコンピュートリソースを識別し、削除する方法について解説します。不要な仮想マシンや余計なインスタンスの発見と削除は、コスト削減の最初のステップです。

使われていないものを探して消す

クラウド上における使われていないというものにもいくつか種類があります。本節で紹介する不要リソースの削除には以下のようなものがあります。

- コンピュートリソースの削除
- コンピュートリソースの中身の削除
- 関連リソースの削除

単純に使われていない仮想マシンを探すだけでなく、その中身や関連リソースに至るまで、使われていないものは徹底的に探していきましょう。

リソースの削除 **6.1**

コンピュートリソースの削除

　まず行いたいのが、使われていないコンピュートリソース（仮想マシンリソース）の削除です。クラウドサービスにおけるコンピュートリソースは、アプリケーションを稼働させるCPUリソースを指すため、仮想マシンだけでなく関数アプリやコンテナアプリなども含みますが、本章ではおもに仮想マシンについて触れていきます。

- Amazon Web Services（AWS）　➡ Elastic Compute Cloud（EC2）
- Microsoft Azure　　　　　　　➡ Virtual Machines（VM）
- Google Cloud　　　　　　　　➡ Compute Engine

■── 使われていないコンピュートリソースの探し方

　たとえば、開発中やPoC（概念実証）中に作成したがそのまま忘れてしまった仮想マシンや、急遽障害対応で作成した検証用の仮想マシン、誤って別リージョンに作成したリソースなどが対象となります。こうした対象を見つける方法として、1つめは各クラウドプロバイダーが提供するコスト最適化支援ツールの活用があります。コスト最適化支援ツールはアクセスが少なく負荷状況が低い仮想マシンがあれば、使われていないものと判断して削除することを推奨する提案をしてくれます。もう一つの方法として、請求書の明細をよく確認するという方法があります。細かく判断しようとするとシステムを熟知していないと判断は難しいですが、少なからず利用に心当たりのないリージョンがあるかどうかの判断は簡単にできます。請求書の明細を確認して、利用に覚えのないリージョンでコストが発生しているようであれば、誤って作成したまま消し忘れている可能性があるので、一度確認を行ってみるのが良いでしょう。

■── コンピュートリソース削除時の注意点

　コンピュートリソースを削除する際の注意点として、削除前のバックアップやログ退避があります。クラウドサービスは簡単に作成・削除ができますが、消してしまったものを復活はしてくれません。バックアップやログ退避など削除前に消えると困るデータの退避作業はユーザー側の責任になるため、使われていない仮想マシンを消す前に十分な確認を行ってから削除を行うようにします。

コンピュートリソースの中身の削除

　コンピュートリソース自体をまるっと消せなかったとしても、仮想マシン内に存在する不要なファイルを削除できる場合があります。一般的に仮想マシンへ付属さ

127

6 コンピュートコストの最適化

せるディスク（ブロックストレージ。SSDやHDDなど）はオブジェクトストレージ（S3やBlob Storage, Cloud Storage）に比べて高いケースが多いです。そのため、仮想マシンの中に使われていないゴミデータが残存しているのであれば、削除したほうがコスト削減につながる場合があります。直接的にコスト削減できなかったとしても、仮想マシンのバックアップを取っている場合、その容量で課金されるため、そもそものディスクサイズは小さいほうがコストは安く済みます。つまり、仮想マシンの中でログや一時ファイルを大量に生成してそのまま放置しているようなシステムの場合、結果としてストレージ料金に反映されて高くついてしまっています。

■─── 仮想マシン内に存在する不要ファイルの探し方

こうした不要ファイルが生成されていたりするかどうか見つける簡単な方法はありません。システムや稼働しているアプリケーションに関する設計を読み込んで判断することになります。関連しそうな設計書を1つずつ開いて出力内容を確認し、不要になったタイミングで削除されるようなしくみがあるかどうかを確認します。もし、そのようなしくみがない場合、一時的には手動で削除でも問題ありませんが、しくみ上は定期的に削除される、またはそもそもディスク上に出力しないようにします。

関連リソースの削除

コンピュートリソースを削除した際、関連する課金リソースを消し忘れるケースがあります。こうした消し忘れリソースは気づかずにコスト消費しているので、使っていない単なる消し忘れであればなるべく早めに関連リソースを消してしまいましょう。

■─── コンピュートに関連するリソース

クラウドサービスの仮想マシンリソースは最低限、CPUリソース（コンピュートリソース）とストレージリソースの2つで構成されています。仮想マシンリソース作成時のオプションにより、パブリックIPアドレスやバックアップ、スナップショットなど関連するリソースが生成されるケースもあります 図6.1 表6.1 。

6.1 リソースの削除

図6.1 仮想マシンに関連するリソース

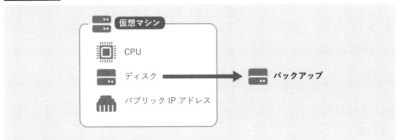

表6.1 仮想マシンの関連リソース

リソース種別	AWS	Azure	Google Cloud
ディスク	Elastic Block Store (EBS)	Managed Disk	Persistent Disk
パブリックIPアドレス	Elastic IP	パブリックIPアドレス	IPアドレス
バックアップ	Backup Vault	Recovery Service Container	マシンイメージ

　問題になるのは、仮想マシンを削除するケースです。**表6.1**で示した仮想マシン関連リソースの中には、仮想マシン削除時に自動的に削除されないものがあったりします。そうした場合、手動でのリソース削除が必要となります。ですので、仮想マシンを消したつもりで前述したような関連リソースを消し漏れているようなケースが起こります。バックアップのように意図して残しているのであれば問題ありませんが、消したつもりで消し忘れているようなケースだと、無駄なお金を支払い続けてしまうことになります。

■──── 消し忘れたリソースの探し方、消し忘れの予防

　まずは、仮想マシンを削除する際に不要な関連リソースも忘れず削除することが重要です。ただ、人間なのでそれでも忘れてしまうことはあります。削除し忘れたリソースは各クラウドサービスが提供するWebポータルの管理画面を利用し、名前ベースやラベルのようなメタ情報を使って探すことになります。つまり、名前付けルールやラベル名ルール、これらを必ず徹底するルールなどがあらかじめ整っている必要があります。たとえば、あるプロジェクトのテスト環境であればリソース名の中に環境名を入れたり、ラベルに利用期間（テスト期間）の情報を入れたりする、障害対応のように一時的に検証を行う環境であれば名前やラベルにチケット番号を入れるようにする、などの対応方法があります。こうしたルールが徹底できているのであれば、名前やラベルだけで判断ができます。一方、クラウドを使い始めたばかりに実装、構築されたようなシステムや急いで環境準備していた場合など、こう

129

6 | コンピュートコストの最適化

したルールの作成や徹底ができておらず名前だけで判断できないことがあります。こうした場合、各リソースから関連づけ先が確認できるので、リソースを1つずつ開いて関連づけがされているかどうかをチェックする、もしくは一覧画面上から関連づけがされているかどうかチェックする必要があります。

　状況によって探し方は異なりますが、前述のような方法を使って不要なリソースを見つけ、削除することで、コスト削減が行えます。

6.2
リソース最適化

　リソース最適化では、実際に必要なリソース量を把握し、過剰な仮想マシンやサービスの削減を行います。また、需要量と供給量をできるだけ近づけるためのその他の具体的な施策についても紹介していきます。

クラウド時代の仮想マシンスペックの設計

　クラウドのメリットは使った分だけの課金、という話を何度かしました。仮想マシンスペックに関しても同じことがいえます。

　オンプレミス時代には簡単にリソース確保ができなかったため、予測されるピーク値にあわせてマシンスペックを設計していました。一方、クラウドが利活用できるようになってからは、仮想マシンの構築はゼロから行ったとしても数分で終わるようになりました。つまり、可能な限りアクセス負荷にあわせたスペックや台数で稼働できるとコスト効率が良くなります。

　リソースの最適化では、効率的な利用ができていない仮想マシンを探し出して適切な稼働状況に修正をしていきます **図6.2** 。クラウドの良い点である「使った分だけ課金」が適切に行われるよう、徹底的に無駄を省きます。本節で紹介するテクニックは以下のようなものになります。

- 自動シャットダウン
- 自動スケール
- システム全体のスペックダウン
- 利用リソースのモデル見直し
- バーストタイプの利用
- スポットインスタンスの利用

図6.2 仮想マシンスペックの設計

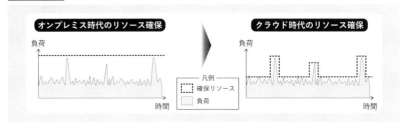

自動シャットダウン

　まず、手っ取り早くかつわかりやすいコスト最適化が、仮想マシンに対する自動シャットダウンの適用です。この機能を適切に設定することで、使用していないリソースにかかる費用を削減し、全体のコストを最適化することが可能になります。

各クラウドの自動シャットダウンの実装

　自動シャットダウンとは、あらかじめ設定した条件やスケジュールに基づいて、クラウド上の仮想マシンやサービスを自動的に停止させる機能のことを指します。以下のように、クラウドサービスにより最初から実装されているものもあれば、追加設定ないし専用に実装が必要なものなどがあります。

- Amazon Web Services（AWS） ➡ Systems Manager Automation などを使って実装
- Microsoft Azure ➡ Virtual Machines（VM）の「自動シャットダウン」で設定
- Google Cloud ➡ インスタンススケジュールから設定

　仮想マシンのとくにCPUリソースは、起動している間は継続的にコストが発生します。たとえば、開発環境やテスト環境の仮想マシンについて、業務時間外や週末に使用されることはほとんどありませんが、停止させるのを忘れがちです。このような環境の仮想マシンに対して自動シャットダウンを利用することで、無駄なコストを効率的に削減できます。

自動シャットダウン設定時のポイント

　自動シャットダウンを設定する際には、以下のようなポイントに注意します。

6 コンピュートコストの最適化

- **対象リソース**
  まずは自動シャットダウンを適用するリソースを明確にする必要がある。すべての
  リソースに適用するのではなく、開発環境やテスト環境など、通常の利用状況を考
  慮しても使われておらず、実際にシャットダウンしても支障のないものを選ぶ

- **シャットダウン日時**
  どの曜日の何時にシャットダウンするかを決める。たとえば、平日の夜間や週末全
  体に設定するなどはよくある設定である

- **通知設定**
  必要に応じてシャットダウンの前の通知設定を行う。シャットダウン前の通知を行う
  ように設定することで、作業中のメンバーへの影響を最小限に抑えることができる

　ここまでの例に挙げたとおり、業務時間外や休日を中心に自動シャットダウンを
設定し、稼働していない時間のコストを削減する方法が基本になります。加えて、
アイドル状態の検出による自動停止という方法もあります。指定した一定期間、リ
ソースが使用されていないこと（アイドル状態）を検出した場合に自動でシャットダ
ウンする設定も有効です。ただし、アイドル状態の検知は監視ツールを使ってアイ
ドル状態を検知し、シャットダウンを実行する実装が必要になります。たとえば、
監視ツールでCPU稼働率が一定期間一定以下になっていることを検知した際、関数
アプリケーションや自動化ツールなどを呼び出し、該当仮想マシンをシャットダウ
ンするような実装になります。

　自動シャットダウンの導入は、クラウドコストの最適化においてわかりやすいコ
スト削減手法の一つです。簡単に設定だけでできる場合は適用しやすいですが、実
装を伴う場合、横断組織のような数で効果を出せるようなところで対応を検討する
のが良いでしょう。

システム性能の拡縮方法

　システムの処理性能を制御する方法には大きく2種類あります。「スケールアップ
・スケールダウン」と「スケールアウト・スケールイン」の2つです **図6.3** 。これらの
手法は、負荷の変動にあわせて柔軟にリソースを制御し、コスト効率の良い運用を
実現する方法です。

図6.3 スケールアップ・ダウンとスケールアウト・イン

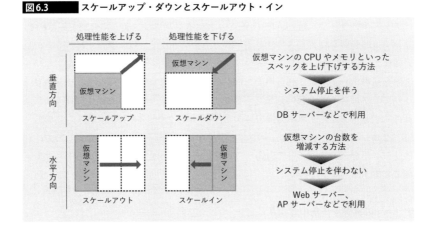

■──── **垂直スケール** スケールアップとスケールダウン

　スケールアップとは、既存のサーバーやリソースの本体性能を高めることによってシステムの処理能力を向上させる手法です。一方、スケールダウンはシステムの要求が減少したときにサーバーの性能を下げることにより、不要なコストを削減します。スケールアップ・スケールインは、具体的にはCPUのコア数やメモリ容量を増やしたり減らしたりすることで、1台のサーバーの処理性能を調整する方法です。サーバー本体の性能を上げ下げする様子から、垂直方向のスケール（垂直スケール）と呼ばれます。

■──── **垂直スケールの注意点**

　垂直スケールを使って性能変更する場合、基本的にシステム停止を伴います。メモリ保持での変更をサポートしているクラウドサービスもありますが、変更にかなり時間を必要としてうまく動作しているか判断できないことがあります。本番環境でこのような事象が発生されると困ります。停止してから変更すれば変更動作もメモリ保持による変更動作より速く済むので、基本的にスケールアップ・スケールダウンでは停止を伴うと考えます。

　この方法が適しているのは状態を保持しているようなサービス（データベースやセッション保持しているアプリケーションなど）です。状態保持しているサービスは単一サーバー内にユーザーからのリクエスト内容などさまざまな状態を持っているため、単純にサーバー分割することができません。このようなケースではスケールアップ・スケールダウンによる性能調整が適しています。

6 | コンピュートコストの最適化

■——— 水平スケール　スケールアウトとスケールイン

　スケールアウトは、新しいサーバーやインスタンスをシステムに追加することで、全体の処理能力を拡張する手法です。一方、スケールインは、スケールアウトの反対操作で、過剰になったサーバーやインスタンスをシステムから削除して、リソース数を最適化します。これらのアプローチでは、負荷分散を利用して、複数のサーバーにリクエストを均等に分配できるよう実装します。サーバーが横に増えたり減ったりする様子から、水平方向のスケール（水平スケール）と呼ばれます。この方法は、そのしくみ上、稼働中サーバーのうちのいくつかがダメになったとしても、代替サーバーを追加することで対応ができるため、高可用性と耐障害性もあわせて実現できます。

■——— 水平スケールの注意点

　水平スケールの場合、状態が保持できないため、冪等（ある操作を何度行っても同じ結果になる）な動作が保証されるシステムに適しています。一般的にはアプリケーションサーバーやWebサーバーなどに適用されるケースが多くあります。ただし、古いアプリケーションサーバーだと冪等な実装になっていないケースもあります。サーバーのメモリに状態保持をしていたり、サーバーのローカルファイルを利用していたり、サーバー自体に状態を保持しているような場合です。このような古いタイプのアプリケーションサーバーは冪等にならないため、スケールアウトやスケールインの恩恵を受けにくい可能性が高くなります。この場合、まずはアプリケーションのアーキテクチャを見直し、ステートレス（状態を保持しない）にして冪等な動作をするアプリケーションに変更する必要があります。

▍自動スケール

　自動スケールは、クラウドリソースの使用効率を最大化するための基本ともいえる機能です。決められた条件に従って、リソース（仮想マシンの台数）を自動的に増やしたり減らしたり調整するしくみです。一般的には「スケールアウト・スケールイン」という手法を自動化するしくみです。

　自動スケールのおもな目的は、システム負荷に基づいて、リソースを適切に増減させることで、ユーザーに対して一定のサービス品質を提供することです。このようなしくみの結果として、システム負荷に近いリソース利用状況を作り出すことができるので、コスト最適化という効果もあります。

■——— 自動スケール設定のポイント

　自動スケールを設定するときの大事なポイントは、リソースの増減に関するポリ

リソース最適化 **6.2**

シーをどのように決定するかです。ポリシーには、どのメトリック（*metric*, 測定基準）が、どのような条件になったとき、リソースを増やすか／減らすかを定義していきます。ポリシーを決めるために考慮するポイントには次のようなものがあります。

- ポリシーの設定項目
  - どの「メトリック」を利用するか
  - どれくらいの閾値を「条件」に設定するか
- ポリシー設計の考慮事項
  - スケールアウトに必要な時間
  - リソース使用率の上昇・下降速度
  - メトリックのゆらぎ
  - イベントによるアクセス急増

以下ではこれら条件を決めていく際のポイントについて解説します。

■──── **利用するメトリックの選択**

リソースを自動でスケールするためには、まずどのメトリックを監視するかを決める必要があります 画面6.1 。一般的には、CPU利用率やメモリ利用率、リクエスト数などがよく利用されます。

画面6.1 メトリックの選択（AWS）

どのメトリックを利用するかは、スケールアウト・スケールインしたいシステムのシステム特性を理解する必要があります。この判別にはまず、自動スケール設定

135

6 | コンピュートコストの最適化

したいシステムに対して徐々に負荷（ユーザーからのアクセスを想定したリクエスト）を増やしていき、メトリックの変化を確認します。メトリックの変化を確認することで、ユーザーが通常操作をしたとき、どのメトリックが増加しやすい傾向にあるのかがわかります。たとえば、1画面表示するのに多数のAPIを実行しているような場合、CPU負荷よりもリクエスト数が増加傾向にあるかもしれません。逆に1画面表示するのにDBから受け取った情報に対する加工処理が多くかかり、CPU負荷が多く必要となるかもしれません。

こうしたシステム特性は提供サービスに依存するため、自身が運用するシステムがどのようなものであるのか、深く理解することが大切です。

■───── スケールアウト・スケールインの条件

次にスケールアウトやスケールインを実行する条件を定めます **画面6.2** 。たとえば、「CPU使用率が5分間にわたって70％を超えた場合にスケールアウトする」といった条件を考えていきます。通常はスケールアウトとスケールインはセットなので、両方の条件を考えます。条件設定で重要なのは、どれくらいの期間、どれくらいの数値でリソースを増減させるかを適切に設定することです。何分間隔のメトリックに対し、どのくらいの値に対する超過が何回検知されたら実行するのか、です。

画面6.2 条件の設定（AWS）

リソース最適化 **6.2**

　たとえば、CPU 使用率のメトリックを利用する場合で考えてみます。CPU 使用率は一定間隔で計測されます。仮に1分間隔で計測を行っていたとします。設定した値、たとえば80％などを一度でも超えた場合にスケールアウトさせるのか、過去5回など指定した回数をさかのぼって確認し、一定回数超えたようであればスケールアウトさせるのか、これらの設定によってスケールアウトのタイミングは異なります。1分間隔の計測において、過去5回分をさかのぼって5回連続で設定した閾値、たとえば80％を超えた場合にスケールアウトする、というように設定していきます。

　なお、この計測間隔についてはもう一つ注意すべきことがあります。この計測間隔は短いほど頻度が高くなるため、ログとしてのデータ量は増えるという点です。また、AWS のように計測間隔を短くして頻度を上げると有料となる場合もあるという点は注意が必要です。

■─── スケールアウトに必要な時間の考慮

　リソースを増やすタイミングについて、スケールアウトに要する時間を考慮する必要があります。仮想マシン単体を起動する場合、これまでのオンプレミス時代に比べれば格段に簡単かつ高速にリソース準備できますが、それでも数分は必要です。仮想マシンを起動した後も、中で動作させるアプリケーションによっては初期化処理が必要な場合もあります。その場合、アプリケーションが利用可能な状態になるまでさらに数分必要となります。以上の内容をあわせると、仮想マシンのリソースを増やすと判断されてから実際に利用できるようになるまでは、アプリケーションの作りにもよりますが、5〜10分かかるものと考えられます。

■─── リソース使用率の上昇・下降速度に対する考慮

　次に考えるのは仮想マシンが起動して利用可能になるまでの間にどれくらいのリソース使用率の上昇速度を想定するか、です。5〜10分の間に10％の上昇を想定するのと、20％の上昇を想定するのでは想定するアクセス増加状況のイメージが異なります。5〜10分の間に10％の上昇を想定するアクセス増加に対応できるようにするのであれば、最大95％までの利用率を許容する前提とすると10％を引いた85％くらいに閾値を設定します。5〜10分の間に20％上昇する上昇率かつ最大100％まで許容する想定であれば、閾値は100％から20％を引いた80％に設定することになります。

　一方、減らす際は余剰をどれだけ許容するかの問題で、増やす場合よりもコスト影響のみの考慮で済み、ユーザー影響を考慮せずに済むため検討にシビアさはなくなります。設定したい稼働率になるよう、減らすタイミングを検討します。

■─── メトリックのゆらぎへの対応

　スケールアウト、スケールインの閾値設定で注意すべきポイントは、増加させる

6 コンピュートコストの最適化

ときの閾値と減らすときの閾値はずらす必要があるという点です。CPUやメモリをメトリックとする場合、常に一定で増加や現象を続けているわけではなく微妙な上下を繰り返しながら増えたり減ったりします。そのため、スケールアウトとスケールインの閾値に同じ値を設定してしまうと、リソースの増加と減少が頻繁に繰り返され、システムが安定して動作しなくなる可能性があります。一般的には、スケールインの閾値をスケールアウトの閾値よりも低く設定します 図6.4 。

図6.4　スケールアウト・スケールインの設定

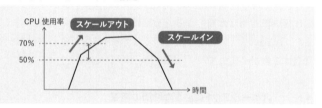

■――― **イベントによるアクセス急増への対応**

　ここまでにメトリックの取得間隔や上昇タイミングについて解説しましたが、じわじわとアクセスが増えるパターンにのみ対応できるもので、アクセス急増するような場合だと対応しきれず500番台エラー（サーバーサイドエラー）を返してしまうものになります。

　基本的にはじわじわアクセス数が増えるパターンと、キャンペーンやイベントなどでアクセス数が急増するパターンは分けて考えたほうがうまく設計できます。とくにキャンペーンやテレビ放送など、あらかじめアクセスの急増が予測されるイベントがある場合は、事前にリソースを増やしておく必要があります。これまで解説したとおり、自動スケールのみに頼ったスケールアウト・スケールインの場合、キャンペーンやイベントのようなアクセス数急増ケースにおいてスケールアウトが追い付かず、ユーザーに500番台エラーを返してしまうことになります。このようなケースではあらかじめサーバーを拡張しておく事前申請を行ったり、自前でリソースを増やすように負荷をかけるなどの工夫を行う必要があります。

システム全体のスペックダウン

　オンプレミス時代のスペック設計の考え方のままクラウドへ移行してしまうと、オーバースペックになっているケースがあります。オンプレミスからクラウドへそのまま移行して利用するのではなく、適切なスペックに見直しを合わせて行うことでコスト最適化につながります。

リソース最適化 **6.2**

■────クラウド時代のスペックに対する考え方

オンプレミス時代はマシンを調達しようとしてもすぐにはできません。オンプレミス時代では、DELLやIBM、HPといったメーカーに対して見積もりを行い、発注をしてから、メーカー側の準備を待ち…納品され、ラックに入れ、セットアップをしてようやく使えるようになっていました。クラウド時代では、オンプレミス時代のとくに発注から納品に相当するデプロイが数分程度で済むようになった点が大きく異なります **図6.5** 。

図6.5 オンプレミス時代とクラウド時代の調達の違い

このような時代においては設計するスペックの考え方も変わります。クラウド環境は簡単にリソースを増やしたり減らしたりすることが可能なので、あまり余剰を作らない設計で調達を行えばコスト削減にもつながります。オンプレミス時代の考え方のままクラウドを利用していると、余分にリソースを調達し、余計にお金を払っている場合があります。このような場合、全体のスペックを見直し、過剰なリソースを減らすことでコスト最適化を行っていきます。

■────スペック見直しの方法

全体スペックを見直ししようとした際、まず必要となるのが現状分析です。まずは現在のリソース使用状況を詳細に分析し、実際の負荷と必要なリソース量を把握します。そのうえで、スペックダウンによるシステム性能への影響を事前に評価し、問題がなさそうなスペックを導出していきます。

ただ、実際はこのような作業を手作業で行っていくのはかなりコストがかかります。限りなく切り詰めていきたい場合は手作業をお勧めしますが、そこまででもない場合、クラウドサービスが提供するコスト最適化ツールにスペックダウンの提案が出てくるので、これらの情報を活用する方法が手軽です。クラウドサービスが提供するコスト最適化ツールは定期的に確認するだけでも有用な情報を得ることができるうえ、改善方法の指針も検討できるようになります。

┃利用リソースのモデル見直し

利用している仮想マシンのスペックは変更せず、価格だけ見直す方法があります。

6 | コンピュートコストの最適化

大きくは以下の2種類です。

- モデルの最新化
- 異なるCPUメーカーのモデルへ変更

■──── 仮想マシンのモデル最新化

クラウドサービスは毎年、毎月のように新しいサービスをリリースしています。仮想マシンも同様です。新しいCPUやGPUのチップが出てくれば、それらを使った新しいモデル（価格レベル）が準備されます。近年の技術進歩は目覚ましく、新しいリソースがより低コストで提供されることがあります。本施策は、こうした低コストで提供される新しいリソースを活用するというものです。

たとえば、同一タイプや同一ファミリーでも最新のバージョン（同一種類ないし類似するチップでスペックだけ上がっているようなケース）というだけで時間あたりの料金が安いケースがあります。このようなパターンは最も簡単にコスト最適化が可能です。単純に現在利用している仮想マシンのバージョンを上げるだけで、スペックは同じでありながら利用料金を下げることが可能です。

■──── 最新リソース情報の取得方法

新しいスペックやバージョンの仮想マシンがリリースされたかどうかは、各クラウドサービスが行う大きなイベントや、ブログ、更新情報などをチェックすることで行えます。実際にコスト削減をしようとした活動している場合、イベントやブログ、更新情報を探しにいくのは非効率なので、改めて仮想マシンの価格表を参照するだけで十分です。価格表は多少反映にずれがあるケースもありますが、基本的には最新の情報がすべてそろっています。なので、価格表を見て、現在使っているサーバーと同一カテゴリ、同一スペックで新しいバージョンが出ていないかを確認するだけで、コスト削減が可能かどうかの判断はできます。

■──── 異なるCPUメーカーへ変更

価格表をよく確認しているとCPUコア数とメモリは同じなのに価格が異なるものが存在するケースがあることに気づくと思います。こうした場合はおおよそIntelやAMDなど、使っているチップメーカーが異なるケースになっています。CPUメーカーに対するこだわりがないのであれば、同一スペックで安いCPUメーカーのモデル（価格レベル）を利用するというのもコスト最適化の方法です。

■──── 仮想マシンモデル変更時の注意点

実際に仮想マシンのバージョンや種類を変更する場合、計画的な実施が必要で、ダウンタイムの最小化や互換性の問題に注意を払う必要があります。まず気にした

いのが、ダウンタイムです。仮想マシンのスペック変更はオンラインで実施できるケースもありますが、オンライン移行の場合、移行時間が想定より長くかかってしまう可能性があります。一度シャットダウンしてから実施するのが望ましいですが、シャットダウンする場合、ダウンタイムがどうしても発生します。事前にシステム停止できるよう利用ユーザーに対して案内を行うなど、準備が必要になってきます。

もう一つ気にしたいのが互換性に関してです。これはチップメーカーを変えるような場合（IntelからAMDに変更するなど）です。この場合、スペック上は同じように見えても実際に動作させてみると挙動が異なるケースがあります。チップメーカー変更を行う場合は事前にテスト端末を準備して検証するなどの作業を行うことをお勧めします。

バーストタイプの利用

仮想マシンのモデルにはいくつか大きな分類があります。その中でもコスト的に安く設定されているのが「バーストタイプ」（*burst type*）と呼ばれる仮想マシンモデルです。

各サービスのバーストタイプファミリーは以下のとおりです。

- Amazon Web Services (AWS) ➡ Tシリーズ（T2, T3 など）
- Microsoft Azure ➡ Bシリーズ（B1s, B2s など）
- Google Cloud ➡ E2共有コア（e2-micro, e2-small など）

バーストタイプとは、デプロイした仮想マシンに設定されたベースラインを超えないCPU負荷までしか負荷がかかっていない通常時の状況ではクレジットを溜め込み、負荷が高くなってベースラインを超えた場合、溜め込んだクレジットを使って一時的に既定のCPUスペックよりも高いスペックを提供することができる、といったリソースタイプです 図6.6 。

図6.6　バーストタイプの動作

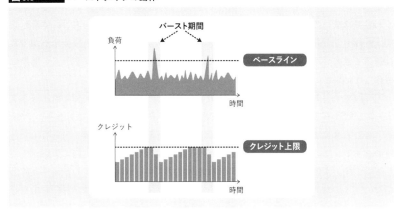

6 コンピュートコストの最適化

　仮想マシンには大まかに **表6.2** のようなモデルが設定されています。汎用タイプは、バランスの取れたCPUとメモリ構成の仮想マシンです。バーストタイプは、汎用タイプに含まれることもありますが、必要なときにリソースをスパイクさせられる特徴のある仮想マシンです。CPU最適は、計算集約型ワークロード向けの仮想マシンで、メモリ最適は、メモリ集約型ワークロード向けの仮想マシンです。

表6.2　仮想マシンのモデル

クラウドサービス	汎用	バースト	CPU最適	メモリ最適
AWS	m5, m5a など	t3, t3a, t2 など	c5, c5a, c6g など	r5, r5a, x1e など
Azure	Dシリーズ (D2s_v3など)	Bシリーズ (B1sなど)	Fシリーズ (F2s_v2など)	Eシリーズ (E2s_v3など)
Google Cloud	N4, N2, N2D など	E2(共有コア)	C2, C2D など	M1, M2, M3 など

■──── バーストタイプ利用時の注意点

　バーストタイプを利用すると、普段は低コストで運用しながら、必要に応じてパフォーマンスを向上させることが可能になります。ただし、クレジットも無限に溜められるわけではなく、作成した仮想マシンサイズに応じたクレジット上限が設定されています。そのため、バースト可能な時間が限られており、クレジットがなくなると通常スペックまでスペックダウンします。つまり、長期間にわたる高スペックなリソースを提供することはできない、期待できないものになります。このように、バーストモデルはスペックが安定しないため、通常は運用環境では利用せず、開発環境やテスト環境で利用する仮想マシンタイプです。

■──── バーストタイプの利用例

　バーストタイプを適用できる環境は前述のとおり開発環境やテスト環境といった安定しないスペックでも問題ない環境です。開発環境については普段からも常時使うわけではないので問題ありませんが、テスト環境の場合はテスト内容に依存します。性能テストのようにマシンスペックに依存するようなテストを実施する環境には適用できません。単純な機能テストのように仮想マシンスペックがテスト結果に依存しない場合にのみ利用できます。

　開発環境やテスト環境にバーストモデルを適用したい場合、可能であれば該当フェーズが始まる前にバーストモデルを利用するよう決めておく方法が一番良いです。どうしても開発フェーズの途中にバーストモデルへ変更したい場合、何も考えず任意のタイミングで該当環境へ適用しようとすると開発やテストの実施に影響が出てしまいます。大概の場合、開発やテストではアプリケーションの差し替えや実施区切りのタイミングがあるので、そうしたタイミングで更新する方法が影響を出さな

い方法になります。あらかじめ告知や調整は必要となりますが、タイミングを決めて徐々に変更する方法が最良です。

スポットインスタンスの利用

クラウドサービスは利用ユーザーがいつでもリソースを確保できるようにするため、実際の需要よりも余分なリソースを常に確保しています。リソースを事前に確保している以上、コストは発生しているので本当は使ってもらいたい、というのがクラウドサービス側の事情です。

こうした余剰リソースを格安で提供しているサービスが**スポットインスタンス**（*spot instance*）と呼ばれるものになります **図6.7**。スポットインスタンスを適切に利用できれば、コスト効率を最大化しながら必要なコンピュートリソースを確保することが可能になります。

図6.7 空きキャパシティとスポットインスタンス

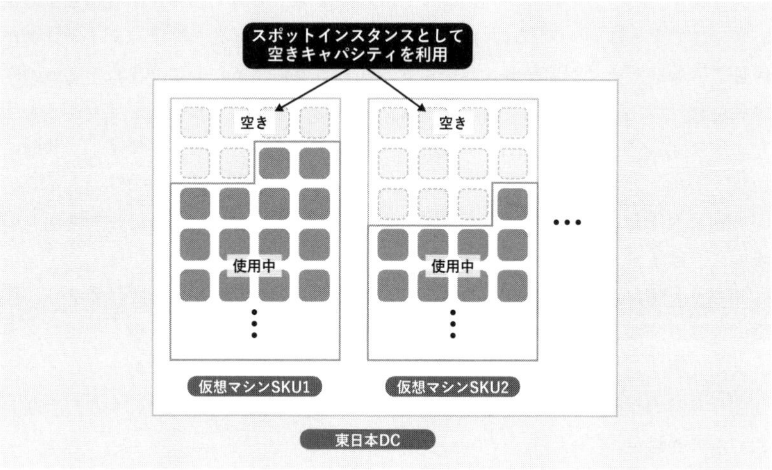

■ スポットインスタンスの特徴

スポットインスタンスは、通常のインスタンス（オンデマンドインスタンス）に比べて大幅な割引価格で利用できる点がメリットです。一方、スポットインスタンスを利用する際には、その価格が市場の供給と需要によって変動すること、また予告なしにインスタンスが終了する可能性があること、需給の状況によっては必要な時に必ずしも利用できるとは限らないことを理解する必要があります。したがって、ステートレスなアプリケーション、中断や実行タイミングの変動が許容されるよう

6 | コンピュートコストの最適化

な処理など、柔軟性のあるワークロードでの利用に適しています。

■───スポットインスタンスの適用先例

前述のとおり、スポットインスタンスはステートレスで実行の開始・終了タイミングを問われないような柔軟なワークロードが適用先です。一般的にスポットインスタンスの適用先はバッチ処理のような一時的にしか稼働しないしくみでの利用がよく推奨されます。他の適用先としては機械学習の学習用途のような実行タイミングを問われないような用途、開発やテストにおけるデータ生成での利用もあります。いずれにしても、柔軟性のあるワークロードである必要があります。

■───スポットインスタンス利用時の注意点

スポットインスタンスは格安で利用できる代わりに考慮すべき注意点もいくつかあります。

バッチ処理に対して適用する場合は処理時間に制約があるかどうか考慮する必要があります。バッチの処理内容によっては開始・完了の時間制約がある場合があります。このようなケースではスポットインスタンスだと開始、終了のタイミングが保証できないため、利用が適さない可能性がある点に注意が必要です。一定の動作保証（決まったタイミングに起動して一定時間で確実に処理を終える必要があるようなケース）が必要である場合、通常のリソースタイプを選ぶのが無難です。一般的にスポットインスタンスはバッチ処理で推奨されていますが、あくまで開始タイミングも終了タイミングも両方とも不確定であっても問題がないケースのみが適用先の候補になります。

スポットインスタンスは通常の仮想マシンスペックを変更するのとは異なり、専用に作り直すことが必要になる点も注意が必要です。既存環境をスポットインスタンスに変更する場合、作り直しが必要となるので、可能な限り実際のデプロイを行うよりも前の設計フェーズにてスポットインスタンスを利用するかどうかを判断しておくのが安全です。

スポットインスタンスは格安提供されるサービスであるため、前述のような注意点に考慮しつつうまく活用できればコスト削減を十分期待できるしくみになります。

6.3
PaaS移行

　PaaSへ移行することで得られる、インフラ管理の負担軽減や、リソース利用効率の向上によるコスト最適化について解説していきます。本節ではPaaS移行とコスト削減の関係性について詳しく紹介します。

IaaS, PaaS, SaaSの違い

　クラウドサービスは多くのサービスを展開していますが、これらサービスはIaaS（*Infrastructure as a Service*）, PaaS（*Platform as a Service*）, SaaS（*Software as a Service*）といったくくりで分類されることがあります。以下では、オンプレミスとこれらサービスモデルの違いについて見ていきましょう 図6.8 。

図6.8 　　　オンプレミス, IaaS, PaaS, SaaSの違い

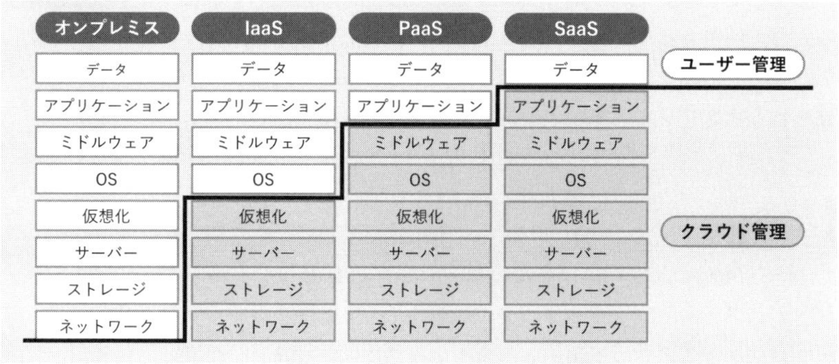

オンプレミス

　オンプレミスは、企業が自社の物理的な施設内にITインフラストラクチャ（サーバーやネットワーク機器など）を設置し、自身で完全に管理・運用する方式を指します。クラウドサービスがインターネットを介して外部のプロバイダーから提供されるリソースを利用するのに対し、オンプレミスではすべてのリソースが企業の直接的な管理下にあります。

6 コンピュートコストの最適化

■──── オンプレミス環境の特徴

オンプレミス環境の一番の特徴は、ネットワークの配線やハードウェアの配置からソフトウェア設定に至るまで、企業がすべての要素を完全にコントロールできる点です。これにより、高度なカスタマイズや厳格なセキュリティポリシーの実施が可能になっています。

■──── オンプレミス環境の注意点

完全なコントロールが可能である一方、その利用に際しての責任もすべて負うことになります。システムは一度導入したら終わりではなく、運用をしていく必要があります。運用には監視はもちろんシステムアップデートやセキュリティパッチの適用、機器故障時の交換対応などさまざまな作業が含まれます。

昨今、オンプレミス環境は良い意味での完全なコントロールや運用管理が、作業できる人手の不足によってできていないケースが出てきています。作業ができないがためにシステムアップデートやセキュリティパッチ適用をあきらめ、放置され、リスクを受け入れているような状況です。このような状況ではサイバー攻撃が高度化している昨今においてはかなり危険な状態にもかかわらずそのリスクを受容していることになります。つまり、本来であれば正しく運用していこうとすると運用する人の人件費を払う必要があるはずですが、実際は運用費用を下げたい圧力が働いており、その結果、リスクを需要している形になってしまっているのが、現在多く見られるオンプレミス環境の状況です。

IaaS

IaaS（*Infrastructure as a Service*）は、仮想化されたインフラリソース（サーバー（CPU）、ストレージ、ネットワーク機器など）を提供するサービスです。通常、ユーザーはサービスとして提供されるインフラ上に仮想マシンを立ち上げてコンピューティングリソースとして利用します。物理的なインフラのメンテナンスについて気にせず、仮想マシンを利用できるサービス、といったイメージのものになります。ユーザーは必要に応じてインフラリソース（CPU、メモリ、ストレージなど）をレンタルし、自身のアプリケーションを仮想マシン上で実行します。

各サービスでの名称は、以下のとおりです。

- Amazon Web Services（AWS） ➡ Amazon Elastic Compute Cloud（EC2）
- Microsoft Azure ➡ Virtual Machines（VM）
- Google Cloud ➡ Compute Engine

PaaS移行　**6.3**

IaaSを利用するメリットはオンプレミスに比べてリソース確保に対する柔軟性およびスケーラビリティがある点です。システムに対する需要に応じてリソースを追加または削除が容易かつ迅速にできます。また、物理的なインフラストラクチャーを自前で用意する必要がないため、初期投資が削減できる点や、ハードウェアの維持管理をクラウドサービスプロバイダーが実施するので見なくて良いという点もメリットです。

PaaS

PaaS（*Platform as a Service*）は、インフラからミドルウェアまでをクラウドサービス側で管理し、サービスとして提供するものです。これには、アプリケーション実行環境だけでなくデータベースなども含まれます　**表6.3** 。

表6.3　PaaSの具体例

クラウドサービス	PaaS
Amazon Web Services (AWS)	AWS Elastic Beanstalk（アプリケーション） AWS Lambda（関数アプリ） Amazon Elastic Container Service（ECS）（コンテナ） Amazon Relational Database Service（RDS）（データベース） 　など
Microsoft Azure	Azure App Service（アプリケーション） Azure Functions（関数アプリ） Azure Container Apps（コンテナ） Azure SQL Database（データベース） 　など
Google Cloud	App Engine（アプリケーション） Cloud Functions（関数アプリ） Cloud Run（コンテナ） Cloud SQL（データベース） 　など

■──── PaaSの特徴

アプリケーション実行環境とは、たとえばご自身で開発されたJavaやNode.jsのアプリケーションがある場合、そのソースコードをそのままアップロードすることでアプリケーションが実行できるというものです。とくに、関数レベルまで簡素化して実行できるサービスはFaaS（*Function as a Service*）と呼ばれることがあります。

データベースの場合、サーバーOSに加え、その上で動作するデータベースアプリケーションの管理までをもクラウドサービス側で対応してくれます。ユーザーはデータベースの一部設定と投入されるデータのみに集中できます。

PaaS利用すると、インフラ管理をほぼすべてクラウドサービス側にお任せできる

147

ので本来集中すべき開発に集中できるというところがメリットです。

■———— PaaS利用時の注意点

　PaaS利用すると運用作業が任せられて便利である一方、注意すべきこともあります。

　たとえば、PaaS利用するとミドルウェア（たとえばJavaやNode.jsなど）のバージョン管理もクラウドサービス側に依存することになります。つまり、クラウドサービス側が該当ミドルウェアのサポート終了にあわせてサポート終了してきた場合、新しいミドルウェアへ移行する必要がある点は注意が必要です。もし、こうしたアップデート対応が難しいと感じる、または自分たちのタイミングで実施したいようであれば、コンテナを活用する方法もあります。コンテナを活用する場合、実行環境のミドルウェア含めてパッケージ化されるため、コンテナに含まれるミドルウェアのバージョンアップなどの対応を自分自身で実施する必要がありますが、タイミングをコントロールできるようになります。PaaSの中にはこうしたコンテナの実行環境を提供するものもあり、CaaS（*Container as a Service*）と呼ばれることがあります。

　データベースのPaaSを利用する場合、パフォーマンス問題が発生した際に細かなチューニングができないことがあります。PaaSであったとしてもある程度の設定は可能になっていますが、IaaS上に構築するデータベースとまったく同じようにすべての設定が可能というわけではありません。これは、クラウドサービス側でデータベースアプリケーションの制御が行われるため、仕方のない部分ではあります。ただ、問題が起こった際に設定可能な項目でパフォーマンスチューニングがしきれなかった場合、IaaSへ移行するのか別の類似するデータベースへ移行するのか、選択に迫られる可能性があることは気に留めておく必要があります。

■———— PaaSのメリット・デメリットを考慮した適用

　PaaS系サービスはインフラストラクチャーだけでなく、プラットフォームの運用もプロバイダーが担うため、運用負担の軽減が見込めます。また、開発に必要なライブラリが用意されていたり、自動化が実現しやすかったりなど、開発効率の向上も見込めるものです。単純なインフラコストのみで語られるとあまりメリットが見えないかもしれませんが、組織としてシステムの開発・運用全体を通して必要となるコストから考えるとメリットが見えてくるソリューション群です。

SaaS

　SaaS（*Software as a Service*）は、インターネットを通じてアプリケーションソフトウェアを提供するものです 表6.4 。ユーザーはブラウザ経由でサービスにアクセスし、サブスクリプションベースで利用します。

表6.4	SaaSの具体例
サービス名	**概要**
SharePoint	コラボレーションツール
OneDrive	ストレージサービス
Gmail	メール
Google スプレッドシート	表計算ツール
GitHub	開発プラットフォーム
ChatGPT	AIチャットボット

SaaSは基本的にソフトウェアのインストールや設定の必要がありません。より便利に利用するためソフトウェアのインストールをするものもありますが、Webページ上から契約を終えたらその瞬間から利用できるものです。ソフトウェアの更新やセキュリティ対策など必要な運用管理はすべてサービスプロバイダーが行うためメンテナンスフリーで利用できます。また、インターネットがあれば、どこからでもサービスにアクセスできる点も特徴です。

なぜPaaSに移行するのか

PaaSへの移行は、おもに人的コスト削減と運用の簡素化を目的としています。これらのサービスを活用することで、以下のようなメリットが期待できます。

■——— コスト削減

従来のオンプレミス環境やIaaSでは、サーバーの物理的な維持や運用にコストがかかります。IaaSの場合、オートスケールを構成することでコスト削減を狙えますが、その構成を行う手間が必要です。しかし、PaaSは必要なリソースに応じて自動スケーリングする機能が標準で付いているため、使用しないリソースに対する費用を手間をかけずに削減することができます。

また、PaaS活用を推進していくと、アプリケーションのデプロイ、運用管理、スケーリングなどを自動化できるため、IT運用チームの手間とコストを削減できます。単純なインフラコストだけでは自動スケールによる最適化分しかコスト削減のメリットは見えにくいですが、PaaSの有用性はシステム開発運用の全体に渡ったコスト削減にあります。

■——— 運用の簡素化

PaaSの種類によってデプロイ方法は異なりますが、種類によってはコードをPaaS環境に直接デプロイすることが可能なので、アプリケーションの実行環境のセット

6 コンピュートコストの最適化

アップや管理の必要がなくせます。また、PaaSはリソースの使用量に応じて自動的にスケーリングするため、予期せぬトラフィックの増加に迅速に対応できます。これらにより、パフォーマンスとコストの適正化が容易に実現可能です。

■───── ビジネス価値の向上

PaaSへの移行は、単にコスト削減にとどまらず、ビジネス価値の向上にも寄与します。PaaSを利用すると、運用管理の効率化により運用作業者の工数に空きを作り、開発プロセスの迅速化によって頻度高くアプリケーションのリリースができるようになります。変化の激しい時代において、提供サービスを時代にあわせて柔軟に変化させられるようになることは、ビジネスの成長を加速させることにつながります。PaaS活用は、ITチームが本来集中すべきより革新的なプロジェクトに正しく集中できるようになるための不可欠なツールです。

PaaSへの移行

PaaSへの移行は、企業がアプリケーション開発の効率化と運用コストの削減を目指す上で重要な戦略です。以下では、PaaSへの移行プロセスにおける具体的なアプローチと注意点について解説していきます。

■───── 移行プロセスの概要

PaaSへの移行プロセスは、既存のアプリケーションやシステムをクラウドベースのプラットフォームに移行することを含みます。このプロセスは、とくにコンテナ技術を利用する場合に効果的です。

❶現状把握
❷移行先の検討
❸移行計画の作成
❹移行テスト
❺本番移行

まずは❶現状把握を行います。システム移行を行う場合、あらゆるサーバーを一度に移行してしまうとトラブル発生時に原因追及が難しくなるため、ある範囲を移行対象として定め、その範囲のみを移行させます。調査対象として定めた移行元として想定する範囲内のサーバーすべてを対象に現況を調査します。調査としては、移行対象システムで利用しているハードウェアやソフトウェア、ミドルウェアに何を利用しているのか確認します。システム移行する際、システム停止を伴う場合があります。とくにデータベースの移行に関しては動いているデータを移行する難易

度が非常に高いため、停止してから移行したほうが安全に移行できます。システム停止を伴う可能性も考慮し、利用ユーザーへどれくらいの停止が許容されるのか、事前告知としてどれくらい周知が必要なのか、といった情報整理も重要です。

　移行元サーバーで利用しているハードやソフトの情報が整理できた後、❷移行先の検討を行います。全体的なアーキテクチャを検討し、利用可能なミドルウェアや利用時の制約について確認します。PaaS利用する場合、従来のオンプレミス環境やIaaS（仮想マシン）環境とまったく同じように機能が利用できないケースがあります。すべて調査しきることは不可能なので、最終的にはPoCで検証を行うべきですが、ある程度の調査を行っておき、移行の難易度を検討します。

　移行先の選定が終われば❸移行計画の作成、❹移行テスト、❺本番移行と進めていきます。移行計画からの進め方は一般的なシステム移行と同じです。

■——— コンテナ化

　コンテナ化は、アプリケーションとその依存関係（必要とするミドルウェア）をコンテナと呼ばれる軽量の実行環境にパッケージ化する手法です。コンテナ化されたアプリケーションは、異なる環境間（開発環境から本番環境まで）で一貫した動作を保証し、PaaSプロバイダーが提供するサービスとの互換性も高まります。クラウドサービスを乗り換えるということは頻繁に起こることではありませんが、コンテナ化しておくと何かクラウドサービスを乗り換えなければならない状況が発生した際に移動コストを下げることができます。

　アプリケーションがJavaやNode.js、Goのように単独言語のみで動作しており、ステートレスなシステムである場合、アプリケーションを容易にコンテナ化できます。このような場合、コンテナ化を行ったうえでPaaSサービスへ移行する方が将来性を考えるとお勧めの方法になります。一方、WindowsやLinuxのシステムランタイムを直接呼び出すような特殊な実装をしていたり、ローカルディスクにファイル保存するようなアプリケーションの場合、容易にコンテナ化ができません。また、前述のようなシステムの場合、そもそもPaaSへコードのみデプロイといった方法でも移行が難しいタイプです。このような場合、アプリケーションの実装をPaaSへ載せられるよう見直す必要があります

■——— 開発環境の検討

　PaaSへの移行はアプリケーション本体だけでなく開発環境の変更も伴う場合があります。たとえば、FaaSへの移行の場合、実行環境をエミュレートする環境を開発環境に導入する必要があります。PaaS移行にあわせてCI/CDを使った自動化も進める場合、開発ツールや開発環境、開発プロセスも変わる場合があります。PaaS移行を検討する際にはアプリケーション本体や全体のアーキテクチャ以外にも、こう

6 コンピュートコストの最適化

した開発環境についても対応が可能か検討が必要です。

6.4
価格見直し

　各クラウドサービスは各種サービスに対して割引プランを提供しています。本節ではその中でもとくに仮想マシンに関わる割引プランについて紹介します。こうした割引プランを適切に適用することができれば、稼働システムのコスト削減がより図れるようになります。

利用価格プランの最適化

　クラウドサービスの契約は一般的に「従量課金」のイメージが強いですが、一定の約束をすることでディスカウントを得るしくみがあります。本節ではコンピュートに対して適用可能なディスカウントのしくみを2種類紹介します。

- 予約購入
- BYOL（持ち込みライセンス）

予約購入の活用

　予約購入とは、クラウドサービスプロバイダーが提供するコンピュートリソースを、あらかじめ定められた期間（通常は1年または3年）を指定して利用を確約することによって大幅な割引価格で購入するしくみです 表6.5 。この方法を利用することで、通常のオンデマンド料金（使用した分だけを後払いする料金体系）に比べて、大幅なコスト削減が見込めます。

表6.5　予約購入

クラウドサービス	予約購入
Amazon Web Services（AWS）	Reserved Instance（RI） Savings Plans（SP）
Microsoft Azure	Reserved Instance（RI）（予約購入） Savings Plan（SP）（節約プラン）
Google Cloud	確約利用割引 継続利用割引

価格見直し **6.4**

■──── 予約購入の特徴

　予約購入の最大のメリットはコスト削減です。長期間にわたって安定してリソースを使用する予定がある場合、予約購入を利用することで、コストを大幅に削減することが可能になります。また、予約購入は予算管理を容易にし、将来の支出が予測しやすくなるというメリットもあります。

■──── 予約購入の適用先

　予約購入の適用先として適切な環境は、特定のコンピュートリソースが長期間にわたって安定して利用されることが明確な環境になります。たとえば、基幹システムや24時間365日運用するWebサービスなど、負荷が比較的一定で、使用量が予測しやすい環境が該当します。また、できたばかりのシステムよりはすでに一定の運用実績があり、安定稼働が行われているような本番環境が適用先として安全です。一方で、開発環境やテスト環境のように、運用中に変動がある程度の頻度で発生するような場合、予約購入を適用しても無駄になる可能性があるため、あまり適切ではありません。

■──── 予約購入の注意点

　コスト削減効果の大きな予約購入ですが、予約購入を行う際には、いくつかの考慮点があります。まず、予約購入は期間が定められており、期間中のキャンセルや変更が難しい場合が多いため、事前の計画が非常に重要です。変更ができるプランでも、同一ファミリー内であるなど、一定の条件が課されます。また、使用量が予測よりも大きく変動する可能性がある場合、予約購入のメリットを最大限に活かすことができない可能性もあります。この場合、はみ出た需要分（利用したリソース分）はオンデマンド料金で課金されます。

　予約購入の利用期間縛りの影響についても知っておくべき考慮点があります。まず、クラウドサービスはどんどん進化をしており、新しいチップやメモリを利用することで料金が下がってくる可能性があります。予約購入の割引後価格よりも下がる可能性は低いと考えられますが、新しいコストモデルが出てきたとしても、使わない場合は予約購入分の権利をただ捨てるだけになるため、なかなか乗り換えることが難しくなります。

　他にも、新しいモデルがどんどんと出てきた結果、予約購入で契約していたモデルがリタイアする可能性もあります。この場合、クラウドサービス側のサポートと残りの予約購入の権利期間分についてどのような対応になるのか（払い戻しなのか、延長なのか、別モデルへの切り替えなのか、など）について交渉を行う必要があります。いくら安く購入できても後から該当モデルが使えなくなって交渉が必要になると、打ち合わせに必要な労力が発生してくるので、これらの発生する可能性のある

6 │ コンピュートコストの最適化

手間についてもあらかじめ考慮しておく必要があります。

▌BYOLの利用　持ち込みライセンス

　BYOL（*Bring Your Own License*, 持ち込みライセンス）とは、企業がオンプレミス環境ですでに保有しているライセンスをクラウド環境に適用し、クラウド上でのリソース利用時にライセンス費用の二重支払いを避けるためのコスト最適化策です。対象となるのは、オペレーティングシステムやミドルウェアなど、ライセンス料が発生するソフトウェア製品になります。

　持ち込みライセンスの利用の一番のメリットは、クラウド利用時に新たなライセンス購入が不要となり、クラウドインフラのコストを削減できる点です。通常、クラウドサービスはインフラ料金に加えてライセンス料金を加えて請求するようになっていますが、ライセンス料金部分のコストを削減し、純粋なインフラ料金のみの支払いにすることができます。また、持ち込みライセンスのしくみがある場合、すでに保有しているライセンスをクラウド環境に適用することが可能となるため、既存の投資（CapEx）を有効活用できます。

　既存で持っているライセンスの有効活用によるクラウド利用料の削減に便利ですが、いくつか考慮が必要なこともあります。まず、ライセンスポリシーの確認が必要です。利用しているソフトウェアのライセンスポリシーがクラウド環境での使用を許可しているか、事前に確認が必要です。所持しているラインセンスの種類によってはクラウド環境への持ち込みが許されないものもあったりします。そうした場合、追加でライセンス購入して持ち込んだとしてもオンデマンド料金より安くなるのか、十分な事前検討が必要です。また、持ち込みライセンスのライセンス認証のために専用構成が必要な場合があります。専用構成が必要な場合、その構成自体を構築する必要があるため、追加コストが発生する可能性もあります。一方、組織全体という視点でコスト削減を考えていると、最適化できているか微妙な場合があります。持ち込みライセンスはクラウドでの利用料を削減することはできますが、そのしくみ上、ライセンス費用自体はオンプレミス環境で利用する前提ですでに支払い済みとなっています。つまり、クラウド利用料は下がっているようにみえるが、組織としてみると支払っている料金は変わらないといったことになります（クラウドで支払っているオンデマンド料金中のライセンス料（二重払いになっている利用料）は削減できます）。

　持ち込みライセンスの利用は、コスト最適化の有効な手段の一つですが、適用する際にはライセンスの適用範囲、クラウド環境でのサポート状況、追加で必要になる可能性のあるコストなどを慎重に検討し、組織全体のコスト効率化を目指すことが重要です。

154

リアーキテクト **6.5**

6.5

リアーキテクト

　システムのリアーキテクトによって、よりコスト効率の良いアーキテクチャへの再設計を行う方法を紹介します。これらを適用することで、システム全体としては長期的なコスト削減とパフォーマンス向上が期待できるようになります。

さらなるコスト最適化を目指して

　ここまでに挙げてきたコスト最適化手法だけでもかなりの効果が期待できますが、さらにコスト最適化する方法として、リアーキテクトでの対処方法を紹介していきます。

- OSS利用
- リージョン見直し
- 帯域料金最適化
- 新サービス移行
- マルチテナント化

ライセンスコスト削減　OSS利用

　現代のクラウド環境におけるコンピュートリソースのコストにおいて、データベースやOSなどの商用ライセンス料は大きな割合を占めています。とくにこうした商用ソフトウェアを多用する場合、ライセンス費用の合計は高額になりがちです。こうした問題を解決する一つの方法として、オープンソースソフトウェア(OSS)の利用が挙げられます。OSSは、無償でありながら、高い機能性を持つものが多く、適切に導入することで、ライセンスコストを大幅に削減できます。

■——— OSSの選定
　ライセンスコスト削減を目指す際、まずは現在使用している商用ソフトウェアの中でどれがOSSに置き換え可能なものか、特定することです。代表的なものを見ると、たとえば **表6.6** のような移行先OSSがあります。

155

6 コンピュートコストの最適化

表6.6	代表的な OSS	
種別	**移行元 商用ソフトウェア**	**移行先 OSS**
OS	Windows Server	CentOS Ubuntu
DB	Oracle Database Microsoft SQL	MySQL PostgreSQL

OSSへの置き換えの対象となり得るのは、データベース、Webサーバー、開発ツールなど広範囲にわたります。これらソフトウェアのOSS代替品を見つけるには、インターネット上の技術コミュニティやOSSの比較サイトなどを活用して行っていきます。移行先として候補に挙がったOSSに対し、移行元の商用ソフトウェアのどのような機能を利用しているのか、具体的な機能を確認し、それらが候補となっているOSSで利用可能か、代替可能かを確認していきます。

OSS選定の際には以下のような観点を考慮する必要があります。

- **初版からの経過年数**
  OSSは有志による自由な開発をベースに提供されるものなので、場合によってはすぐに開発が止まったり、より新しい別のOSSが登場して置き換わったりといったことが起こる。本番環境で利用していくことを考えると、ある程度の年数にわたって継続的に開発が続けられているOSSでないと前述のようなリスクを抱えることになるため、採用が難しくなる。逆に最新技術を取り込みたい場合、前述のようなリスクを抱えることを認識したうえでOSSを採用する必要がある

- **コミュニティの活性度**
  OSSはコミュニティのサポートに依存するため、活発なコミュニティを持つOSSを選定することが重要。何年もメンテナンスのされていないOSSの場合、不具合や脆弱性が見つかった際に対応が遅れる可能性がある。また、場合によっては自分たちで修正する可能性も出てくるが、そうした際に実装内容を確認しようとしても助けが得られない可能性もある

- **機能互換性**
  既存の商用システムと機能互換性を確認し、移行による影響を最小限になるようにする。機能差があるほど追加対応でのコストが発生してしまう。たとえば、データベースを変更する場合であれば、パフォーマンス対策として入れるヒント句やデータベース固有の特殊クエリなどがあるので、こうしたものを活用していると移行時に実装を見直す必要が出てくる

- **性能**
  OSSは商用ソフトウェアと同じような機能を提供していても作りの違いによるパフォーマンスの違いがある。移行元システムで要求されるパフォーマンスと同等のパフォーマンスが出せるのかは事前に確認が必要である。たとえば、PostgreSQLにはバキュームと呼ばれるパフォーマンス維持のために定期的に実行が必要な処理がある。ピークパフォーマンスだけでなく、長時間実行におけるパフォーマンス変化について確認しておくのも大切である

- **信頼性**
  冗長構成やバックアップの方法に関しても確認しておく。補償すべきSLO (*Service Level Objective*, サービスレベル目標) やSLA (*Service Level Agreement*, サービスレベル

リアーキテクト **6.5**

合意）、目標とすべき RTO（*Recovery Time Objective*）や RPO（*Recovery Point Objective*）について確認したうえで、OSSを使った場合にどのような実装となるのか確認する。冗長化構成の方法が違えば、バックアップ・リストアの方法も異なる。現行システム要求されている条件を満たす構成方法への移行コストについて確認しておく

- **セキュリティ**
  利用できる暗号化方式や通信方式など、既存システムで利用していたセキュリティまわりの機能について同等ないし新しいものが利用できるか確認する。ただし、新しいものへ置き換える場合、関連するソフトウェアやOSが利用可能か確認する必要がある。また、利用できることが確認できても、アプリケーションやシステム設定まわりで追加の設定変更が発生する場合がある点も注意が必要である。加えて、運用が始まると利用しているOSS自体の定期的なセキュリティ更新も必要になってくる。あらかじめ更新プロセスについても確認して確立しておく必要がある

- **運用**
  現状、運用管理に使っている監視システムに対して統合できるかを確認する。ポイントは2つで、監査ログの回収と転送、運用に必要なメトリックとログの転送である。転送する方法もそうだが、取得できるログデータも変わってくる。現状の監視で使っているメトリックやログと同等のものがどれであるのか、それらをどのように転送するのか、について確認しておく

■──── OSSへの移行

移行先のOSSが選定できれば、そのOSSへ移行を行っていくフェーズになります。OSSへの移行は一般的なシステム移行と同じと考えて問題ありませんが、機能だけでなく性能や運用など非機能での違いが影響する可能性が高いので、十分な検証を行うようにします。たとえば、以下のようなステップでの移行を考えます。

❶現状分析
❷（OSSの）評価・選定
❸移行計画
❹実装・テスト
❺本番移行

まずは❶現状分析として現在使用している商用ソフトウェアの機能をリストアップし、それに対応するOSSの評価・選定を進めます（❷評価・選定）。ポイントは移行計画にいきなり着手するのではなく、事前にOSSの機能や性能について評価を行うことです。この評価フェーズにおいて、ビジネス要件を満たすか十分な検証を行います。OSSへの移行が可能だと判断できたのち、一般的な移行と同じように❸移行計画、❹実装・テスト、❺本番移行と進めていきます。

■──── OSS移行のメリット・デメリット

OSSへの移行によるメリットの筆頭はコスト削減（ライセンス料の削減）です。とくに大規模システムでは、この効果は顕著に現れてきます。また、OSS利用のメリ

157

6 コンピュートコストの最適化

ットといえるのが最新トレンドへの追随です。昨今では最新技術はOSSから始まっているケースが多いので、最新技術を取り入れたいのであればOSSを探して採用することでより新しい技術や機能の恩恵を得られる可能性が高まります。一方、OSS採用によるデメリットも存在します。たとえば、サポート体制がわかりやすい例です。商用ソフトウェアと比較して、直接的なサポートが期待できない場合があります。コミュニティやサードパーティのサポートサービスを利用することになるため、商用サービスを展開している場合にリアルタイムでのサポートは期待できません。自社内に自力で一定程度解決できるほどのハイスキルな人材の確保が必要となります。また、移行コストが必要になる点も見逃せません。移行してしまえばコスト削減にはなりますが、初期の移行には、システムの改修やデータ移行など、一時的なコストが発生します。長期的な目線でコスト削減効果が得られるか検討することが必要です。

リージョン見直し

クラウドサービスはさまざまなリージョン(地域。日本やアメリカ、ヨーロッパなど)にサービスを展開しています。クラウドサービスの利用料金はグローバルで一律ではなく、リージョンによってサービスの価格が微妙に異なります。そのため、適切なリージョンの選択はコンピュートリソースのコストを効果的に削減する手段の一つになります。一方で、リージョン選択はパフォーマンスやデータ保管場所の法的要件にも影響を及ぼすため、慎重な検討も必要です。

この手法の適用先として考えられるのは、機械学習のように一時的に大量のコンピューティングリソースが必要となるようなパターンです。こうした実装がある場合、他リージョンの利用によるコスト削減が可能か検討をします。

他リージョンでのコンピューティングリソース利用に関してはいくつか考慮すべきことがあります。

- **データ転送コスト**
  他リージョンのコンピューティングリソース自体が安くても、そこで動作させるために必要となるデータが同じリージョンになければ、リージョン間でのデータ転送が発生する。このリージョン間のデータ転送はやっかいで、転送時間だけでなく追加コストが発生する場合がある

- **法的規制**
  もう一つの気にすべき観点が法的規制である。データの保管場所に関する法的要件を遵守する必要がある。GDPR (*General Data Protection Regulation*, 一般データ保護規則。EUが定めた個人情報保護に関する規制)のようにデータをEU圏以外に持ち出そうとすると制限があるケースがある。こうした保護規則に関与する可能性がある場合、データ転送に関して問題がないか確認する必要がある

リージョン見直しによるコスト削減を狙う場合、削減に対するコストと得られる効果について検討すべきです。コンピューティングリソースの単価がリージョンごとに違うといっても大きく異なるわけでもありません。大量のリソースを利用する場合に有効になってくるので、十分に効果が得られそうか事前に検討しておくことが大切です。

帯域料金の最適化

クラウドサービスにおける帯域料金とは、データ転送量に応じて発生する費用のことです。データの送受信が多いサービスでは、この帯域料金が全体のコストに大きく影響することがあります。そのため、帯域料金を効率的に管理し、最適化することはコスト削減の重要なポイントとなります。

通常、インバウンド（インターネットからクラウドサービス上で稼働しているサービスへ入ってくる通信）に関しては料金がかからず、アウトバウンド（クラウドサービス上で稼働している仮想マシンなどからインターネットへ出ていく通信）に関してはコストが発生します。同一リージョン内は条件やサービスによって通信料がかかったりかからなかったりします。同一ゾーン内（または同一データセンター内）の通信であれば、通常は通信料がかからないことが多いです。詳細は各クラウドサービスの料金表の確認が必要ですが、大まかな通信料金のかかるポイントは前述のとおりであることを覚えておくと便利です。

通信帯域料金を最適化する方法をいくつか以下に紹介していきます。

■──── 近接配置

前述したとおり、通信経路にはコストのかかる経路とかからない経路が存在します。基本は通信料金が発生する通信経路を使わないようにすることです。一番わかりやすいのは同一リージョンでも可能な限り同一ゾーン（または同一データセンター）になるようシステム構成することです。新しいサービスのようにアメリカなど特定の国でしか提供されていないサービスも存在します。こうしたサービスも時間が経過して利用ユーザーが増えてくると日本へ展開されてきたりします。気づかずアメリカに配置したまま日本からアクセスし続けている場合、無駄な通信コストが発生しているので、こうしたケースは避けるよう、同一リージョンにサービスを作り直して通信経路を見直します。

■──── キャッシュの利用

よくアクセスされるデータはキャッシュすることで、データ転送量を削減することができます。たとえば、データベースに対するアクセスにおいてマスターデータ

のようにめったに変更がないにもかかわらず大量データを取得するようなケースであれば、アプリケーションの中にキャッシュさせるというのも方法です。他にもシステムが自動スケールするような場合、起動時にインターネット上の決まった場所から必要なミドルウェアやソフトウェアを毎回ダウンロードしてくることがあります。頻度や量が多いのであれば、通信経路上にキャッシュするしくみを入れるのも方法です。

　リソースによってはインバウンドに対する通信でも料金が発生するものも存在します。よくあるのがAWSのS3、AzureのStorage Account、Google CloudのCloud Storageのようなブロックストレージと呼ばれるサービスです。このようなケースも通信経路上にキャッシュサーバーを配置することでコスト削減を狙います。よく使われるのがCDN（*Contents Delivery Network*, コンテンツ配信ネットワーク）と呼ばれるしくみで、地理的に分散したサーバーにコンテンツをキャッシュし、エンドユーザーに近いサーバーからコンテンツを提供することで、データ転送量とレイテンシ（*latency*, 遅延）を削減してくれます。ただ、CDNはそれ自体のコストが新たに発生するので、コスト削減という観点で価値があるかは分析と見積もりを行う必要があります。

■──── データ圧縮

　送信するデータを圧縮することで、データ量を減らし、帯域料金を削減する方法です。nginxやApacheのようなWebサーバーにはコンテンツ圧縮機能が付いています。こうした機能を利用すると簡単にデータ圧縮を行った通信を実現できます。

　キャッシュ利用によるコスト削減を行うと、主目的であるコスト削減だけでなく、パフォーマンス向上も副次的な効果として得られます。近接配置やキャッシュ利用、データ圧縮のいずれもレイテンシが短くなるような手法であり、コンテンツの配信速度が向上することで、ユーザーエクスペリエンスが改善します。一方、実装の複雑さもあります。とくにCDNの導入やキャッシュの導入といった施策は、技術的な知識を要し、実装が複雑になる場合があります。また、維持管理の負担もあります。CDNの管理やキャッシュの監理には、継続的な監視とメンテナンスが必要です。

....

　帯域料金の最適化は、コスト削減とサービスのパフォーマンス向上の両方を実現するための有効な手段です。しかし、その実装と維持には適切な知識とリソースが必要であることを理解し、計画的に進める必要があります。

▎新しいサービスへ移行

　クラウドテクノロジーは日々進化しており、新しいサービスや機能が継続的にリ

リースされています。こうした新しいサービスはこれまでのサービスの不都合を改善していることが多く、パフォーマンス改善や利便性向上といったことが良く行われます。つまり、これらの新しいサービスへの移行は、コスト削減、性能向上、セキュリティ強化など、多くのメリットを得られる可能性があります。とくに単純なインフラコスト削減だけでなく運用面も含めた総合的なコスト削減が狙える可能性があるので、最新情報をキャッチアップしていくことは大切です。

■─── 新サービス情報のキャッチアップ

クラウド事業会社は定期的に新サービスを紹介する大きなイベントを開催しています。

- AWS re:Invent（Amazon）
- Microsoft Ignite
- Google I/O

こうしたイベントに参加したり、イベントのキュレーションを参考にすることで、新サービスに関する情報をキャッチアップできます。キャッチアップした内容をもとに移行対象になるようなシステムが存在するか確認する流れになります。

■─── 新サービス移行の注意点

新しいサービスへの移行によって運用コストの削減や性能向上など得られるメリットも多いですが、いくつかのデメリットもあります。移行コストはもちろんですが、新技術に対するキャッチアップコスト、あまりに新しい技術を利用している場合は不安定さなども考えられます。また、こうした新サービスをキャッチアップするためにイベント参加する場合、参加費用が発生するので、キャッチアップ自体も方法によってはコストが発生します。

新しいクラウドサービスへの移行は、多くの機会を提供する一方で、慎重な計算と計画が必要です。適切な準備と段階的なアプローチを使って、新しい技術の導入を進めるようにします。

▌マルチテナント化

マルチテナント化とは、一つのアプリケーションやインフラストラクチャを複数のユーザーや組織（テナント）と共有して利用できるようにするアーキテクチャのことを指します **図6.9** 。これにより、リソースの効率的な利用によるコスト削減、管理の効率化による運用コスト削減などが実現できるようになります。

6 コンピュートコストの最適化

図6.9 シングルテナントとマルチテナント

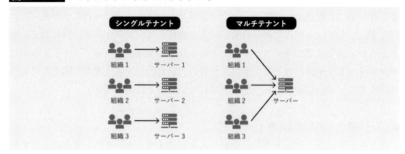

マルチテナント化の検討ポイント

マルチテナント化を目指す場合、セキュリティ、パフォーマンス、カスタマイズ性といった観点が気をつけるべきポイントになります。

■ **セキュリティ**

テナント間でデータが漏洩しないよう、セキュリティ対策を徹底する必要があります。あわせて、データが混在する危険もあるため、テナント間のデータ分離方式について検討し、徹底するためのしくみの検討が必要です。データ分離の方式には以下のようなパターンがあります。

- **データベース分離**
  テナントごとにデータベースを論理的に分離して実装する方式。分離レベルが高い
- **テーブル分離**
  テナントごとにテーブルを分離する方式。アーキテクチャとして考えられる方式ではあるが、実際はテーブルが散乱してしまい管理がやや煩雑になる
- **行分離**
  各テーブルにテナントIDを入れて行レベルで分離する方式。分離レベルは低いが、リソース効率は高い

■ **パフォーマンス**

リソースの共有により、あるテナントの活動が他テナントのパフォーマンスに影響を与えないよう、適切なリソース管理が必要です。このような「あるテナントユーザーの活動が際立って多く、他ユーザーに迷惑をかけてしまう」問題のことを「うるさい隣人」と呼びます。マルチテナント化する際にはよく問題となるものなので、対策を検討しておく必要があります。良く行われる対策はアクセスする際にユーザーを特定するためのキーを使うようにし(リクエスト時にAPIキーを指定するような方式)、レートリミット(時間あたりのリクエスト数に対する制限)をかけるようにする方式です。

リアーキテクト **6.5**

■─── カスタマイズ性

業界によってはシステムに対するカスタマイズを強く求めてくる業界もあります。マルチテナント化する場合、基本的には個社ごとの事情を汲み取ることが難しく、多くのユーザーが利益を得られるような最大公約数の実装となります。プラグインや機能有効化フラグなど方式はありますが、カスタマイズ用に機能を増やすとその分コードが複雑化します。共通機能の範囲をどこまでとし、テナントごとのカスタマイズ機能による自由度をどこまでにするのか、そのバランスは実装方針として重要な検討ポイントになります。

▌マルチテナント化のメリット・デメリット

マルチテナント化の一番のメリットはコスト効率の向上です。リソースの共有により、インフラ利用の効率化を図り、コスト削減が目指せます。また、運用についても共通化ができているため、一つのシステムを管理するだけで複数のテナントをサポートでき、運用効率が良くなります。スケーラビリティという観点においても、新しいテナントの追加が容易で、ビジネスの成長に柔軟に対応できるといったメリットがあります。

一方、いくつかデメリットもあります。マルチテナント化する場合、セキュリティリスクは気になるポイントの一つです。不適切な設計や実装を行ってしまうと、セキュリティ事故、情報漏洩のリスクを高めてしまうため、注意が必要です。また、カスタマイズ機能を増やしてしまうと、実装が複雑化してしまいます。ついフラグで切り替えられるようにすればよいから個別機能を組み込みたくなりますが、コードが複雑化して保守が難しくなってしまいます。

マルチテナント化は、クラウドリソースのコスト最適化に大きなメリットをもたらす一方で、セキュリティやパフォーマンス管理において特別な配慮が必要です。適切な計画と実装により、これらの課題を克服することで、効率的かつ安全なマルチテナント環境が実現できます。

▌仮想マシンのストレージ設計

クラウド環境におけるコスト最適化という観点において、仮想マシンのストレージ設計は重要な要素の一つです。適切なストレージ設計により、コストやパフォーマンスの最適化が実現できます。

■─── 最初は小さく設計、必要に応じて拡張

仮想マシンのストレージ設計において大切なのは、小さく設計して必要になったら増やす、という考え方です。これまでのオンプレミス時代は調達に時間がかかる

163

6 コンピュートコストの最適化

ため、3年先や5年先を見越して大きめサイズを調達、実装していたかと思います。クラウド環境ではストレージの調達は容易かつ素早く調達できるようになっています。最初から大きな容量を調達して利用するとコストがかかるので、小さめサイズを調達して必要な状況になってから増やす方針にします。仮想マシンのストレージ容量を増やしたい場合、Web GUIから簡単に増やせます。一方、あわせて押さえておきたいのが、クラウド環境においてストレージを増やすのは容易ですが、利用しているストレージを減らすのは難しい、という点です。インターネット上を探すとストレージを減らす方法を紹介している方もいますが、実際は正式なサポートがなく保証された方法ではないため、確実にできる手法とは考えない方が安全です。

■——— データアクセス頻度に応じた設計

仮想マシンのディスクを小さく設計する方法として、データのアクセス頻度に応じて、ホットデータ（頻繁にアクセスされるデータ）とコールドデータ（アクセス頻度の低いデータ）を適切に分離し、コールドデータはコスト効率の良いストレージに退避するという方法があります。たとえば、ログやユーザーからのアップロードデータなど、直近動作において不要なデータはオブジェクトストレージのようなより安価なサービスへ移動させるようにします。こうすることで、より効率的にクラウドリソースを利用することができ、コスト最適化につながっていきます。

■——— ストレージのI/Oパフォーマンス

仮想マシンのストレージ設計において大切なポイントにパフォーマンスがあります。データベースサーバーのようにディスクパフォーマンスが重要な要素である場合、単純にコストだけ考えて小さくしてよいかというと、必要なパフォーマンスが出せる容量までしか下げられない点に注意が必要です。このストレージパフォーマンスに寄与するのがストレージの種類と容量の2点です。ストレージの種類としてよく見るのがSSD（ソリッドステートドライブ）とHDD（ハードディスクドライブ）です。SSDの方がパフォーマンスは良いですが、コストは高くなります。HDDはパフォーマンスがSSDより落ちますが、コストは低くなります。それぞれの特性を理解し、要求されるパフォーマンスやコストに応じたストレージタイプを選択する必要があります。もう一つパフォーマンスに寄与するのが容量で、ストレージの容量とパフォーマンスが比例しているケースがあります。この場合、単純に使っていないという理由だけでストレージを小さくすることはできず、必要となるパフォーマンスを満たすために大きな容量を購入する必要がある場合があります。

仮想マシンのストレージを設計する際には、容量はできるだけ小さく設計するようにしますが、パフォーマンスについても満たしているかどうか十分に検討するようにします。

リアーキテクト **6.5**

アプリパフォーマンスの改善

　アプリケーションのパフォーマンス改善は、ユーザー体験の向上だけでなくコンピュートリソースのコスト最適化に直結する重要な取り組みです。パフォーマンスを最適化することで、アプリケーションが必要とするリソース量を削減し、結果として必要リソースコストの削減につながります。

■——— **パフォーマンス改善を行うにあたっての注意点**

　パフォーマンス改善にはいくつか注意点があります。新規に開発するシステムや機能に対するパフォーマンス対策は計画時から考えておく必要がありますが、考慮さえできていれば十分対策はできます。一方、既存のシステムに対するパフォーマンス改善をしようとすると、新しく対策用に人的リソースを割かなければならないので、追加コストが必要となります。既存システムに対するパフォーマンス改善を狙う場合、必要コストと改善できるコストとのバランスを考えた対策が必要です。また、パフォーマンスは時間と共に変化していきます。そのため、継続的な監視と改善を行っていく必要があります。

■——— **パフォーマンス改善の実際**

　実際にパフォーマンス改善を行う場合、「アプリケーション本体の処理」と「アプリケーションとDBの接続処理」の2ヵ所に対する効率化がよくある改善ポイントになります。アプリケーション本体であれば、本来DBで処理すべき処理をアプリケーション上のメモリに展開して処理しているようなものが典型的です。テーブル同士の結合、データのソート、集計、加減算のような処理であればSQLでも対応できます。一方でこのような処理をアプリケーションのメモリ上に展開してコードで実施した場合、想定以上に時間もかかりリソースを必要とします。動き始めたコードから検出するのは難しいですが、新規で開発するタイミングであればコードレビューで除去できる内容なので、設計のタイミングから目星をつけて対策を取ります。よくある問題箇所は検索画面や検索結果一覧画面といった機能になります。もう1つの改善箇所としてよく上がる場所がアプリケーションからDBへの接続に関する処理です。1つの画面を描画するのに何度もAPIへアクセスしているとリクエストコストだけでなく、全体を描画するまでに時間もかかります。最近はこうした問題を解決する手段としてGraphQLを利用するケースもあります。

■——— **パフォーマンス改善で得られるコスト最適化以外のメリット**

　アプリケーションのパフォーマンス改善によって得られるメリットにはパフォーマンス改善とユーザー体験の向上があります。パフォーマンス改善はそのままコス

165

6 | コンピュートコストの最適化

ト改善につながるものです。パフォーマンス改善の結果、ユーザー体験の向上があれば、とくにBtoCのようなサービスであれば競争力にもつながってきます。つまり、パフォーマンス改善はコスト改善だけでなく、BtoC向けのようなサービスであれば競争力にもつながってくるとても有用な施策になります。一方、パフォーマンス改善をしようとすると、それなりに対策コストが必要となりますし、場合によってはパフォーマンス改善用に特殊な実装をしてしまうようなこともあります。パフォーマンス改善はそれ1つでコスト最適化に大きく寄与するほどインパクトをだせるかは難しいかもしれませんが、ユーザー体験向上による競争力強化などとあわせて検討していけると良いでしょう。

Column

コスト削減施策の優先順位　コンピュートコスト編

本章で紹介したコンピュートのコスト削減施策には次のようなものがありました。

- リソース削除
  - 使われていない仮想マシンの削除
  - 仮想マシン内にある不要ファイルの削除
  - 仮想マシン削除時に消し漏らした関連リソースの削除
- リソース最適化
  - 自動シャットダウンの適用
  - 自動スケールの適用
  - 仮想マシンスペックの見直し
  - 仮想マシンの最新化
  - バーストタイプの利用
  - スポットインスタンスの利用
- 価格見直し
  - 予約購入
  - 持ち込みライセンス(BYOL)
- リアーキテクト
  - PaaS移行
  - ライセンスコスト削減(OSS移行)
  - リージョン変更
  - 帯域料金の最適化(近接配置、キャッシュ利用、データ圧縮)
  - 新サービスへの移行(PaaSやSaaSへ移行)
  - マルチテナント化
  - ストレージの見直し
  - アプリパフォーマンス改善

以下では「横断組織」と「各プロジェクトチーム」でどのような優先順でコスト削減施策を適用していくのか、その考え方の例を紹介します。

横断組織の場合

横断組織の担当者である場合、横断組織として持っている仮想マシンに対しては

166

ある程度自由な変更が可能ですが、各プロジェクトで利用している仮想マシンに対して削除やスペック変更といった操作は誤った場合にシステム全体が停止するリスクがあるため難しくなります。全社に対して適用しようとすると、システムへの影響が少ないと考えられる施策から優先的に適用することになります。現実的に選択できるのは予約購入および持ち込みライセンス（BYOL）くらいで、その他の施策は何かしらのシステム影響が懸念されるため適用が難しいと考えられます。

各プロジェクトチームの場合

　プロジェクト担当の場合、できることも大きく変わります。システムのエンハンス開発のリリースにあわせるなど、実施タイミングについては検討の余地がありますが、基本的に対応できない施策はありません。施策実施で検討する優先順としては以下のような順に考えます。

❶リソース削除
❷リソース最適化
❸価格見直し
❹リアーキテクト

　ただし、❹リアーキテクトに関しては実施するだけでコストがかかるため、実施するかどうかを含めて判断が必要となります。

6.6

まとめ

　本章では、クラウド環境におけるコンピュートリソースのコスト最適化について解説しました。本章で取り上げた主要なポイントは、不要なリソースの削除、リソースの適切な最適化、PaaSへの移行、価格プランの見直し、およびシステムのリアーキテクチャーです。これらの手法は、クラウドコストを効率的に削減し、システム運用の合理化を図るために極めて重要です。

　通常よく聞くのは価格プランの見直しですが、いきなりこの方法をとってしまうと無駄なリソースを含んだ状態での最適化となるので、真の最適化とは言いにくい対応になります。まずは、使われていないリソースの削除から始め、リソースのサイズや種類を適切に調整し、さらにコスト効率の良いPaaSへの移行を検討したうえで、価格プランの見直しへ進んでいくことがお勧めです。これらのステップを踏むことで、クラウドコストの管理と最適化が実現し、技術者はより価値ある作業に集中することが可能となります。

167

7章

ストレージコストの最適化

　業界、業種によっては大量のストレージを必要とする場合があります。本章では、ストレージでもオブジェクトストレージに着目し、リソースのコストを効率的に削減していく手法について、具体的な手法を紹介していきます。最初にクラウドで扱うストレージの種類について解説し、その後、具体的なコスト削減方法を広範囲にわたり解説します。具体的な手法についても、リソースの適切な削除、ティアの見直し、価格戦略の適用など、いくつかの種類にわけて、不要なコストを削減する方法について深堀していきます。本章を通じて、クラウドストレージのコストを効果的に管理し、最適化を目指していきます。

7.1
クラウドのストレージ

　クラウドが提供するストレージには、データ保管の柔軟性とアクセシビリティという共通点がありますが、それぞれ特徴があります。ブロックストレージ、オブジェクトストレージ、ファイルストレージという3つの主要なタイプを紹介し、それぞれの特性と用途について解説していきます。

クラウドストレージの種類

クラウドストレージにはおもに3つのタイプがあります。

- ブロックストレージ
- オブジェクトストレージ
- ファイルストレージ

これらのストレージは、いずれもデータを保存・管理するためのサービスですが、使い方は異なるものを提供します。それぞれの特徴と利用シナリオを理解することで、自社のニーズに合ったストレージソリューションを選択することができるよう

になります。本節ではそれぞれの特徴やユースケースを紹介しますが、本章全体のテーマとしているストレージはオブジェクトストレージを対象にコスト最適化手法を紹介していきます。

ブロックストレージ

ブロックストレージは、データを固定サイズのブロックに分割して保管するストレージの形態です。このタイプのストレージでは、元データを分割した各ブロックは一意のアドレスに配置され、読み取るときはそれらブロックを組み合わせて元のファイルを復元します。各サービスで、以下のような名称で提供されています。

- Amazon Web Services（AWS）➡ Amazon Elastic Block Store（EBS）
- Microsoft Azure　　　　　　➡ Azure Managed Disks
- Google Cloud　　　　　　　➡ Persistent Disk

■──── 特徴

ブロックストレージの特徴は、高速な読み書きが可能である点にあります。これは、データを直接アクセスすることができるため、データベースやトランザクション処理といった速度が求められるアプリケーションに適しています。

- 高速なデータ処理能力
- データを小さな単位で管理可能
- 低遅延アクセス

ユースケース

- データベース
  ブロックストレージは、データベースのような高速なトランザクション処理が求められるアプリケーションに適している。高速なトランザクション処理を実行する際、ファイルに対する高速な読み書きかつ低遅延が求められるため、ブロックストレージの性能が有効である

- 高性能アプリケーション
  大規模な ERP（*Enterprise Resource Planning*）システムや CRM（*Customer Relationship Management*）システムなど、高い I/O パフォーマンスを必要とするアプリケーションにも適している。これらのシステムも、データの読み書きが頻繁に発生するため、ブロックストレージの高速アクセスが有効になる

- 仮想マシン
  通常、仮想マシンに取り付ける OS やデータを保管するディスクにはブロックストレージが利用される。とくに OS 起動時はファイルに対する読み書きが頻繁に発生するシーケンスであるため、ブロックストレージが基本的に利用される

7 ストレージコストの最適化

オブジェクトストレージ

オブジェクトストレージは、データをオブジェクトと呼ばれる非構造データとして管理するストレージの形態です。オブジェクトは、データ本体とメタデータ（データに関する付加情報）、グローバルに一意の識別子から成り立っています。この方式では、ファイルを階層的に管理するのではなく、平坦な構造で大量のデータを保存します。各サービスで、以下のような名称で提供されています。

- Amazon Web Services（AWS） ➡ Amazon Simple Storage Service（S3）
- Microsoft Azure ➡ Azure Blob Storage
- Google Cloud ➡ Cloud Storage

■──── 特徴

オブジェクトストレージの特徴は、その保管方法のしくみから、スケーラビリティが非常に高く、大量のデータを効率的に保管できる点にあります。そのため、Webコンテンツの配信やバックアップなど、大量のデータを効率的に扱う必要がある場合に適しています。

- 高いスケーラビリティ
- 大量のデータを効率的に管理
- メタデータを活用した柔軟なデータ管理

ユースケース

- **Webコンテンツの配信**
  静的コンテンツ（画像、ビデオ、HTMLファイルなど）の保存と配信にオブジェクトストレージはよく利用される。大量のマルチメディアファイルを効率的に管理し、世界中のユーザーに配信することが可能である

- **データバックアップとアーカイブ**
  オブジェクトストレージは、大量のデータを長期間安全に保存するためのコスト効率の良いソリューションを提供している。そのため、企業のバックアップデータやログファイルのアーカイブに最適で、可用性や冗長性など信頼性が求められる場合に適している

ファイルストレージ

ファイルストレージは、よくイメージされる一般的なデータストレージの形態で、データをフォルダやフォルダの階層構造で管理するストレージです。この方式は、オペレーティングシステムのファイルシステムと同様の方法でデータにアクセスできるため、エンドユーザーやアプリケーションにとって直感的に理解しやすいもの

です。具体的なアクセス方法はサービスによる部分がありますが、ネットワークを介してファイル共有が可能であり、NFS（*Network File System*）やSMB（*Server Message Block*）といったプロトコルを用いてアクセスできます。

各サービスで、以下のような名称で提供されています。

- Amazon Web Services（AWS）　➡ Amazon Elastic File System（EFS）
- Microsoft Azure　　　　　　　➡ Azure Files
- Google Cloud　　　　　　　　➡ Filestore

■——— 特徴

ファイルストレージの特徴は、そのファイル保管方法にあります。普段利用するファイルシステムと同様の操作で管理できる点が特徴的で、アクセスに関してもNFSやSMBでアクセスするため、クライアント端末に直接マウントして利用できます。そのため、ドキュメントの共有や管理など、ファイルレベルでのデータアクセスが必要な場合に適しています。

- 直感的な階層構造でのデータ管理
- ファイル単位でのアクセスと共有が容易
- 汎用性の高いデータアクセス方法

ユースケース

- **ファイル共有**
  ファイルストレージは、複数のユーザー間でファイルを共有する用途に適している。たとえば、企業内のドキュメント共有やプロジェクトチーム間のコラボレーションといったシーンで利用される。ユーザーはクライアント端末のファイルシステムを介して簡単にアクセスできるので、他のユーザーと共有しやすいサービスである

7 | ストレージコストの最適化

7.2
リソースの削除

　ストレージコストを効果的に管理するためには、まず不要なデータやリソースを特定して削除することが不可欠です。使われていないデータの識別からリソースの適切な削除までのプロセスを解説し、不要リソースの削除によるコスト削減方法について理解を深めます。

使われていないものを探して消す

　ストレージもコンピュートと同じく、利用されずただコストを消費し続けるゴミデータが存在することがあります。本節ではそのような不要データを探しだして消す方法について2種類紹介します。

- 使われていないストレージの削除
- ストレージ内の使われていないデータの削除

　ストレージは作ったまま消し忘れしやすいリソースでもあります。使われていない判断ができるものを徹底的に探して消していきましょう。

リソース自体の削除

　ストレージのコスト最適化においても、最初に行いたいのは不要データの削除です。ストレージは基本的に容量に対する課金になるので、使わない不要なデータは持っているだけでコストがかかります。たとえば、障害対応などの一時的に作成したストレージを事後処理で消し漏らしたり、テストや開発で作成した環境において不要になったタイミングで消し漏らしたりして残ってしまっていることがあります。こうした不要なストレージは可能な限りストレージリソースごと削除してしまうのが理想的です。本節ではストレージ削除に関して解説していきます。

不要リソースの識別

　まずは消せるリソースを探してくる必要があります。ここでは以下の2種類の方法と調査時の注意点について紹介します。

- アクセスログ確認
- 重複データの検出

■─── アクセスログ確認

使われていないストレージを探す直接的な手法はアクセスログの確認になります。ストレージリソースに対してアクセスログを取得できるので、あらかじめ設定をしておき、一定期間アクセス状況がどのようになっているか確認します。ほぼ利用されていないようであればログは残りません。こうして対象を見つけるのが直接的な方法ではありますが、時間や手間もかかります。明らかに消さなければならず消し漏れしてしまっているということがわかるよう、リソース作成時にリソース名に障害対応のチケット番号を入れたり、テスト・開発環境であればメタ情報（タグ）に廃棄予定の日付を入れるなどの工夫をすると識別が楽になります。名前付けやタグ付けは運用ルールなので、あらかじめプロジェクトでルール化しておくのがお勧めです。

■─── 重複データの検出

もう一つの不要リソースの見つけ方としてあるのが、重複データの検出です。社内システムの場合、社内システム同士でやり取りすることもありますが、このときお互いの障害を気にして同じマスターデータ（⑩ 社員番号、組織マスター）を複製して持っていることがあります。会社全体で見ると無駄なことをしているので、こうしたデータは削除するようにします。ただし、見つけるのはやや難しく、プロジェクト間のつながりを意図的に紐解いていくような活動をしないと見つけられません。とくに外部連携仕様書など接続部分の仕様を一つずつ確認していく必要があるので手間がかかってしまいます。

■─── 調査時の注意点

実際に削除対象を検討する際、どのリソースから調査していくのか優先順位についても考えておく必要があります。優先順位は、アクセスがない期間が長いリソースから対処するのではなく、容量が大きなリソースから対処するよう優先順位を検討します。ストレージはそもそもの値段が安く設定されていることが多く、多少の容量では効果が得られないことがあります。ですので、基本的には容量が大きなストレージから削除対象となるか判断していきます。削除判断が難しく容量も全体から見るとそこまで大きくないというリソースであれば、使われていない状況がわかっていても消さないという判断も必要です。細かく不要なものをすべて消そうとすると、その利用実態の調査やヒアリングでコストがかかってしまい、時間をかけた割に得られるコスト削減が薄いといったことになってしまいます。このような場合、ストレージのティアを変更するといった方法も考えられるので、削除にこだわらず対応を考えます。

7 ストレージコストの最適化

削除時の注意点

実際に削除しようとすると本当に削除して良いか不安になることもあります。リソースを削除する前に、以下のような点について慎重に検討しておきます。

- **重要データの確認**
  削除対象のリソースがビジネスにとって重要なデータを含んでいないか確認する。たとえば、調査で利用した際のログや実行結果、画面キャプチャなど断面として取っておく必要があるものなどである
- **依存関係の確認**
  削除するリソースが他のシステムやアプリケーションと依存関係にある場合、その影響を評価する。環境によってはストレージをデータの受け渡しに使っていることもある。誤って消してしまうと戻せなくなるので、消す対象であるか十分な確認を行う
- **法的・規制上の要件**
  データ保持に関する法的または規制上の要件が適用される場合、これを遵守する必要がある。監査ログは業界によっては法律で保管期間を定められているケースもある。たとえばPCI DSS（クレジットカード業界のデータセキュリティ基準）では監査証跡を1年保管するよう定められている。読み取りがなくても必要なものなので消さないように注意する

リソースの中身の削除

クラウドのストレージサービスはとても便利で簡単に冗長化やバックアップ、世代管理といった機能が利用できます。必要であればもちろん使っていけば良いのですが、あまり考えずに利用していると不要なコピーを保存してしまっていることがあります。ストレージは容量に対する課金なので、不要なバックアップや世代管理はコストにつながります。本節ではこうしたストレージ内に内在する不要データの削除について解説していきます。

■──── 削除対象の探し方

基本はバックアップ用途で利用しているストレージが見直し対象です。こうしたストレージを対象に更新頻度からRPOや許容されるデータロスについて見直し、どれくらいの頻度で保管しておけば良いのかを見直します。すでにプロジェクトやサービスで決まっているようであれば、それらの情報を参照します。RPOが決まればバックアップ頻度が出てくるので、その頻度と現状の設定を見直し、余分に保管されているようであればバックアップ頻度を下げるようにします。既存のルールに従うのであれば前述のとおりですが、もう少し減らしたい場合、プロジェクトやサービスで定義されるRPOに対する見直しから実施が必要になります。なんとなく不安

だからといった理由で決まっていることも多いので、業界規則やIPAの出す調査情報 [*1] を参考に見直してみるのも削減に寄与します。

■——— データ削減方法の選択肢

前述のRPOや許容されるデータロスから逆算されるバックアップ頻度にあわせてバックアップの頻度を変更します。

バックアップツールを利用している場合は、ツール側の設定変更で対応します。バックアップ自体の頻度を変更することでバックアップデータ量を削減できます。また、完全バックアップの頻度も減らすことができれば、さらにデータ量を削減できます。ただし、この削減方法はRPOやRTOに影響する手法になるので、あらかじめRPOやRTOに関して確認し直してからの対応になります。

バックアップツールによる複製以外にも、クラウドのストレージにはバージョニング機能があり、この機能を使ってバックアップとしているケースもあります。そのような場合はバージョニング機能を無効にして必要な頻度でバックアップが取得できるようツールによるバックアップに移行します。もし単純にバージョニング自体が不要な用途（たとえば、静的コンテンツの配信用途や一時的なデータストレージ用途でオブジェクトストレージを使うような場合）であれば、機能を無効にしてしまうのも方法です 画面7.1 。

画面7.1 バージョニング設定の例（AWSの場合）

---

*1 参考 「情報システム基盤の復旧に関する対策の調査報告書」（4.1.2「アンケート調査の結果」）
URL https://www.ipa.go.jp/archive/files/000004636.pdf

7 ストレージコストの最適化

7.3
リソース最適化

　データの使用状況に応じて適切なストレージティアや冗長性に移行する手法は、コスト効率の良いストレージ管理の鍵となります。本節では、ティアと冗長性の概念およびそれらを最大限に活用する方法に着目し、持続可能なストレージ戦略を紹介します。

非効率な利用を見直す

　リソース削除しようとしても消せないデータに対してより効率的・効果的にストレージを使っていく方法について紹介していきます。たとえデータが消せず残さなければならなかったとしても、データの利用状況にあわせた適切なストレージ構成を選んでいくことでコスト最適化が狙えます。本節で紹介するテクニックは以下のようなものになります。

- ティアの見直し
- 冗長性の見直し

ティアの見直し

　オブジェクトストレージリソースには**ティア**(*tier*, 階層)と呼ばれるレベルがいくつか設定されています。クラウドサービスによってはストレージクラスと呼んでいるケースもあります。ティアはアクセス頻度によって使い分けをするもので、コストに直結する違いになります。使用頻度の低いデータをコストが低いティアのストレージに移行し、アクセス頻度の高いデータは高速ながらコストが高いティアのストレージに保持することで、全体のストレージコストを最適化します。最適なティアを見つけ、適切に利用していくことがストレージコストの最適化につながります。本節ではこのストレージのティアの使い分けについて解説していきます。

■──── オブジェクトストレージのティア

　よくあるオブジェクトストレージのティア構成は大きく2種類に分類されます。

- 高頻度アクセス

・長期保管

　高頻度アクセスは、ファイルアクセスの頻度が高くI/O速度も必要とするような
ケースで利用します。高頻度アクセスの中でもいくつかティアを設定しているケー
スもありますが、基本的には通常ファイル保存で利用する用途はこのティアの中か
ら選択していきます。長期保管はその名前のとおりで、ログデータや監査証跡、バ
ックアップデータ、画像や動画のアーカイブなど、ほとんどアクセスがないデータ
で利用します。長期保管のティアで注意が必要な点として、復元の必要時間があり
ます。長期保管のティアには、オンラインと呼ばれる即時で復元できるものと、オ
フラインと呼ばれる復元に数時間ないし場合によっては1日近く必要となるものの
2種類が存在します。ログや監査証跡などほとんどアクセスがなく、復元が求めら
れたとしても即時である必要がない場合、最も安い長期保管のオフラインを利用し
ますが、バックアップのように必要となった場合、すぐに取り出したいものは長期
保管のオンラインを利用するようにします。

■────クラウドサービスが提供するティア

　実際のティア名称は各サービスで違うので、使い分ける際には自分自身がどのよ
うな用途で利用するのか、その利用用途に適したティアはどれなのか、を意識して
選択するようにします 表7.1 。

表7.1　　ストレージサービスのティア

クラウドサービス	オブジェクトストレージ	ティア/ストレージクラス
Amazon Web Services（AWS）	S3	S3 Express One Zone S3 Standard S3 Standard-Infrequent Access （S3 Standard-IA） S3 One Zone-Infrequent Access （S3 One Zone-IA） S3 Glacier Instant Retrieval S3 Glacier Flexible Retrieval （旧 S3 Glacier） Amazon S3 Glacier Deep Archive （S3 Glacier Deep Archive）
Microsoft Azure	Azure Blob Storage	ホットアクセス層 クールアクセス層 コールドアクセス層 アーカイブアクセス層
Google Cloud	Cloud Storage	Standard Nearline Coldline Archive

7 ストレージコストの最適化

ライフサイクル管理

オブジェクトストレージのコスト最適化をしようとすると、使わないファイルをより安いティアへ移動させていく、不要になっているのであれば削除していくという2つの作業を行う必要があります。一時的な対応であれば手動も想定されますが、ストレージは時間とともに変化するものであるため、自動的にティアを変更するしくみを導入することで、より効率的なストレージの利用を目指すようにします。

■——— クラウドサービスが提供するライフサイクル管理

クラウドサービスが提供するオブジェクトストレージサービスには、以下のような名称でライフサイクル管理の機能が提供されています。この機能を活用すると指定した条件に合致したファイルを自動的に別のティアへ移動してくれます。

- Amazon Web Services（AWS）　➡ライフサイクルポリシー
- Microsoft Azure　　　　　　　➡ライフサイクル管理ポリシー
- Google Cloud　　　　　　　　➡ライフサイクル管理

■——— ライフサイクルルールとライフサイクルポリシー

ライフサイクル管理においてティアを変更するルール 画面7.2 を作成します。このルールはポリシーのもとに作成し、以下の2種類のポリシーについて検討します。

- **ダウングレードポリシー**
  一定期間アクセスがないファイルをより安いティアへ移動させるルール。ティアは複数存在するので、利用目的にあわせて必要分のティア移行ルールを設定する。バックアップのように即時で復元が必要なものに関してはやりすぎないよう注意する
- **削除ポリシー**
  一定期間経過したファイルを不要なものとして削除するルール。どこかで削除をしない限りコストは増える一方になる。ルールを決めて削除することで、コストを一定以上増やさないようにコントロールできる

基本的にはどちらのポリシーも一定期間アクセスされていないデータがおもな対象となります。設定する際はこの日数をどれくらいに設定するかが重要になりますが、万能な解はないのでプロジェクト内でリスクに対する感覚の認識を合わせて決めていくことになります。

リソース最適化 **7.3**

画面7.2 ライフサイクル管理の設定例（AWS）

ライフサイクルルールを作成する 情報

ライフサイクルルールの設定

ライフサイクルルール名

ルール名を入力

最大 255 文字

ルールスコープを選択
- ● 1つ以上のフィルターを使用してこのルールのスコープを制限する
- ○ バケット内のすべてのオブジェクトに適用

フィルタータイプ

プレフィックス、オブジェクトタグ、オブジェクトサイズ、またはユースケースに適した組み合わせでオブジェクトをフィルタリングできます。

プレフィックス
このルールの範囲を 1 つのプレフィックスに制限するフィルターを追加します。

プレフィックスを入力

プレフィックスにバケット名を含めないでください。キー名に特定の文字を使用すると、一部のアプリケーションやプロトコルで問題が発生する可能性があります。詳細はこちら 🗗

オブジェクトタグ
このルールのスコープを、以下で追加したキー/値のペアに制限できます。

タグの追加

オブジェクトサイズ
このルールでは、オブジェクトのサイズに基づいて適用する範囲を制限できます。例えば、Glacier Flexible Retrieval (旧 Glacier) に移行した場合に高いコスト効率がみこめないオブジェクトを、各オブジェクトの料金を考慮しながら除外することなどができます。

- ☐ 最小オブジェクトサイズを指定
- ☐ 最大オブジェクトサイズを指定

ライフサイクルルールのアクション

このルールで実行するアクションを選択します。リクエストごとの料金が適用されます。詳細 🗗 または Amazon S3 の料金 🗗 を参照してください

- ☐ オブジェクトの最新バージョンをストレージクラス間で移動
- ☐ オブジェクトの非現行バージョンをストレージクラス間で移動
- ☐ オブジェクトの現行バージョンを有効期限切れにする
- ☐ オブジェクトの非現行バージョンを完全に削除
- ☐ 有効期限切れのオブジェクト削除マーカーまたは不完全なマルチパートアップロードを削除
  - オブジェクトタグまたはオブジェクトサイズでフィルタリングする場合、これらのアクションはサポートされません。

移行と有効期限切れのアクションを確認

最新バージョンのアクション	非現行バージョンのアクション
0 日	0 日
アクションが定義されていません。	アクションが定義されていません。

キャンセル　**ルールの作成**

179

7 ストレージコストの最適化

冗長性の見直し

冗長性の見直しでは、データ保護と可用性の要件を満たしつつ、不要な冗長性を排除することで、コスト効率の向上を目指していきます。過剰な冗長性は無駄なコストを生み出すので、ビジネスの要件に見合った適切なレベルの冗長性を確保することが重要になります。

クラウドサービスが提供するストレージサービスの利点のひとつが簡単に冗長性を持たせられる点です。安易になんとなくで利用していると一貫性がなく余計なコストにつながっているケースがあります。まず基本となるのは会社やプロジェクトで想定する災害規模を決めることです。どれくらいの災害規模を想定するかで、必要とされる冗長構成が変わってきます。たとえば、戦争のような日本全体が機能マヒするレベルを想定するのか、東日本大震災のように関東圏一体が機能不全になるレベルを想定するのか、一部のデータセンターが機能停止するレベルを想定するのか、これらのレベル感によって対応は異なります。とくに今回であればどの災害レベルにおいてデータを保持し続けたいのか、という考え方になります。

クラウドサービスが提供する冗長化レベル

クラウドサービスが提供する冗長性には 図7.1 のようなレベルがあります。それぞれのレベルで対応できる災害状況や応答速度、コストなどに違いがあります。

- グローバルな拠点で冗長化
- 同一国内の遠隔地に冗長化
- 単一地域内で複数データセンターで冗長化
- 単一データセンター内の複数ラックで冗長化

図7.1　冗長化レベルの違い

リソース最適化 **7.3**

■────グローバルな拠点で冗長化

　グローバルな冗長化は、地理的に分散された複数のデータセンターを利用して、サービスの可用性と耐障害性を高める手法です。たとえば、米国、ヨーロッパ、アジアなど、世界各地にあるデータセンターに分散させて冗長化を提供します。この方式では、ある地域で戦争ないし紛争が起こって国が機能不全になるような状況においても、他国のデータセンターがサービスを引き継いで、グローバル規模での事業継続が可能です。

■────同一国内の遠隔地に冗長化

　同一国内の遠隔地に冗長化する手法は、同一の国内に位置するが物理的に一定以上離れたデータセンターを使って冗長化します。日本であれば、東日本(関東圏)と西日本(関西圏)に分散して冗長化させる手法です。一般的に国内のサービスであればよく見られる冗長化レベルです。このレベルの冗長化の場合、東日本大震災のように関東圏一体が機能不全になるような状況においても、他方の地域にあるデータセンターがサービスを引き継いで、事業継続が可能です。前出のグローバルレベルの冗長化も同じですが、システムやデータだけ冗長化しても運用する人がいなければ事業継続はできません。実際に事業継続(BC)を検討する場合、システムやデータだけでなく、事業を運用するために必要な人材についても検討を行う必要があります。本当に必要であれば、現地での採用や訓練も行っていきます。

■────単一地域内で複数データセンターで冗長化

　単一地域内で複数データセンターによる冗長化は、同一地理的地域内にある複数のデータセンター間で冗長性を確保する手法です。通常、クラウドサービスが提供するリージョン内(⑨東京リージョン)に複数のデータセンターないし相当する建屋を持っています。このレベルの冗長化では、こうした同一地域で複数のデータセンターにまたがって冗長化を行います。この方式では、データセンターの冷却システムの故障や電源トラブルといった問題が発生したとしても事業継続が可能です。一般的にクラウドサービスが推奨する最低限の冗長化レベルはこの同一地域内の複数データセンターにわたった冗長化レベルです。

■────単一データセンター内の複数ラックで冗長化

　単一データセンター内の複数ラックで冗長化する手法は、物理的な障害点を減らすために、同一データセンター内の異なるラックを使用してサービスの冗長性を確保する手法です。このレベルの冗長化で想定するのは、ハードディスクやネットワークなど何かしらのハードウェア障害が発生しても事業継続できるようにする、といったレベルです。特定のハードウェア障害やメンテナンス中でも、サービスの連

181

7 | ストレージコストの最適化

続性が保たれます。

冗長性見直し時の考慮点

冗長性を見直す際の出発点が会社やプロジェクトにおける目標であることは前提になります。そのうえで、目標を具体的にシステムへ適用しようとした際に考慮すべきポイントに以下のようなものがあります。

- ビジネス要件
- データ分類
- コストとリスクのバランス

■─── 冗長性を決定するまでの流れ

現状保持している各データにはそれぞれ異なるビジネス的な重要度があります。データの可用性や耐障害性を検討する際には現状運用しているシステムにおいてどのようなデータがビジネス上重要なのかを正確に理解することが大切です。

どのようなデータが重要なのかが決まれば、各データに対して高い可用性を必要とするかどうか分類できるようになります。各データに対してビジネス上の重要度に基づいて冗長性のレベルを決定していきます。

冗長性のレベルを決めるときに気にすべきが、コストと信頼性はトレードオフの関係にあるという点です。冗長性をあきらめることによるコスト削減と、それによって発生する可能性のあるリスクのバランスを考慮する必要があります。

■─── 冗長化構成適用時の注意点

実際に冗長性を修正しようとした際、ストレージを作り直さなければならない場合があります。この場合、ファイルを古いストレージから新しいストレージに転送する必要がありますので、転送に料金が別途発生する点に注意が必要です。オブジェクトストレージは基本的に容量での課金になっていますが、読み書きのトランザクションに対しても課金があります。安易なファイル移動は思わぬコスト増につながる場合があるため、トランザクション料金についてはあらかじめ確認したうえで冗長性の変更を検討することをおすすめします。

182

価格見直し **7.4**

7.4
価格見直し

　クラウドストレージのコストを最適化するためには、ボリュームディスカウント
や予約購入などの割引プランの理解と適用も必要です。これらの割引を活用するこ
とで、通常発生するコストを抑えながら、需要に応じた部分は従量課金で対応する、
よりクラウドらしいソリューションが利用できるようになります。

割引プランの適用

　クラウドサービスが提供するオブジェクトストレージには、以下のようなボリュ
ームディスカウントや予約購入割引といった割引を提供しているケースがあります。
クラウドストレージのコストを最適化する方法として、このような割引プランの概
念を理解し、適用するといった方法もあります。これら割引プランには利用時の制
限や制約があるので、制限や制約が問題なく受け入れられるのであれば、こうした
割引プランを適用していくことで簡単にコスト最適化が行えます。

- Amazon Web Services（AWS）　➡ボリュームディスカウント
- Microsoft Azure　　　　　　　➡予約容量
- Google Cloud　　　　　　　　➡（該当なし）

　本節では上記の2種類の割引プラン「ボリュームディスカウント」「予約容量」につ
いてそれぞれ解説していきます。

ボリュームディスカウント

　AWSが提供するボリュームディスカウントは、利用しているストレージ容量に応
じて割引適用が受けられるしくみです 表7.2 。オブジェクトストレージ(S3)は、保
管している容量に応じてストレージコストがいくつかのティア(Intelligent-Tiering)
に分かれています。用途ごとに細かくオブジェクトストレージ (S3) のリソース (バ
ケット)を分断して利用するのではなく、可能な限り1ヵ所に集約して1つのストレ
ージリソースの中で分割利用するようにします。こうすることで、オブジェクトス
トレージ1つあたりの利用容量を増やすことができ、より高い割引率で利用してい
くことが可能となります。

183

7 ストレージコストの最適化

表7.2 AWS S3標準ボリュームディスカウントの例（2024年時点）

使用量	標準	Intelligent-Tiering 高頻度アクセス
最初の50TB/月	$0.025/GB	$0.023/GB
次の450TB/月	$0.024/GB	$0.022/GB
500TB/月以上	$0.023/GB	$0.021/GB

参考「AWS - Amazon S3の料金」 **URL** https://aws.amazon.com/jp/s3/pricing/

■──── 利用シナリオとメリット

ボリュームディスカウントは、データバックアップや大規模アプリケーション、とくにメディアのような大きなファイルを扱うシステムの運用など、多量・大容量のデータを扱うシナリオに最適です。利用量が多いほど割引が適用されるため、予想外にデータ使用量が増えたとしても、費用の増加を抑えることができます。

■──── トレードオフとリスク

ボリュームディスカウントのメリットは明確ですが、割引率が高くなるからと過剰なデータ蓄積には注意が必要です。無駄なデータを削除しないと、ストレージコストが無用に高くなる可能性があります。そのため、データのライフサイクルポリシーを適切に設定し、不要なデータを定期的に削除することが大切です。また、データに対するアクセス頻度に応じて、S3の異なるストレージクラスを選択することで、さらなるコスト削減も検討します。

割引を受けるため、無理矢理一つにまとめようとするとシステムの設計はもちろん、セキュリティ上の境界、ファイル整理方法など別の課題が出てきます。設計やセキュリティへの影響は将来的な障害やセキュリティ事故のリスク増加にもつながります。実際利用する際は目先のコストだけではなく、将来的な修正しやすさなども考慮します。ボリュームディスカウントは戦略的な活用を行うことで、コスト効率とその他非機能とのバランスの良い管理が可能となります。

▌予約容量

Azureでは予約容量と呼ばれるAzure Blob Storageに対する割引プランが提供されています **表7.3** 。予約容量は、Azure Blob Storageの使用量をあらかじめ予測し、その容量を1年または3年の利用予約をして前払いすることによって得られる割引プランです。この割引プランを利用することで、通常料金に比べてストレージコストの削減が可能になります。たとえば、特定のストレージ容量を毎月一定量確実に使用する場合、その容量を「1年ないし3年」の利用を「予約」し、前払いをすることで割引価格が適用できます。

価格見直し **7.4**

| 表7.3 | Azure Blob Storage の例（2024/07/中旬時点） |

従量課金の料金

使用量	ホット	クール	アーカイブ
最初の 50 TB/月	$0.02/GB	$0.011/GB	$0.002/GB
次の 450 TB/月	$0.0192/GB	$0.011/GB	$0.002/GB
500 TB/月 以上	$0.0184/GB	$0.011/GB	$0.002/GB

容量	ホット	クール	アーカイブ
100TB	$2,007.04/月	$1,126.40/月	$204.80/月
1PB	$19,292.16/月	$11,264.00/月	$2,048.00/月

予約容量の料金

期間	容量	ホット	クール	アーカイブ
1年間予約	100 TB/月	$1,679.33/月	$923.67/月	$182.25/月
1年間予約	1 PB/月	$16,357.75/月	$8,996.75/月	$1,782.58/月
3年間予約	100 TB/月	$1,351.67/月	$833.53/月	$167.94/月
3年間予約	1 PB/月	$13,002.33/月	$8,074.03/月	$1,635.78/月

参考・「Azure Blob Storage」
URL https://azure.microsoft.com/ja-jp/pricing/details/storage/blobs/#pricing)
・「Azure Storage の予約条件」
URL https://learn.microsoft.com/ja-jp/azure/storage/blobs/storage-blob-reserved-capacity)

■──── **利用シナリオとメリット**

利用シナリオとしては、長期的に安定したストレージ使用量が見込まれるケースです。たとえば、企業のバックアップデータや、長期間保存が必要なログデータなど、毎月一定量のストレージを使用するといったケースに適しています。コスト削減を重視したい場合、初期投資として前払いが必要ですが、長期間にわたって安価にストレージサービスを利用するといったケースも想定されますが、無駄になる可能性がある点は注意が必要です。

予約容量を利用する1番のメリットはコスト削減です。通常料金に比べて、大幅な割引が適用されるため、長期的に見るとコスト削減につながります。コスト削減に関連するメリットの一つが価格変動リスクの軽減です。一括払いを行った場合、初期投資は必要となりますが、契約期間中の価格が固定されるため、将来の価格変動リスクから保護されます。

■──── **トレードオフとリスク**

予約容量はコストメリットがある反面、柔軟性の低下といったトレードオフがあります。予約容量は契約期間と使用量が固定されるため、急なビジネスの変化に対応しにくくなります。また、為替変動を避けたい場合、初期投資が必要といったトレードオフもあります。月払いも選択肢として存在しますが、為替変動を受けるケ

185

7 | ストレージコストの最適化

ースがあるため、為替変動を避けたい場合、どうしても最初に一括払いが必要となります。1年はまだしも3年の一定容量を予約する場合、それなりの資金が必要となる点には注意が必要です。正確な需要予測ができていなかった場合、支払ったコストが無駄になる可能性も含んでいます。この点に関しては、利用予定のストレージ容量を過大に見積もらないよう、過去の使用量やビジネスの成長予測をもとに慎重に計画することで回避できます。とくに新規ビジネスや新規サービスだと過去情報がなく見誤る可能性が高いので、既存システムで安定稼働しているシステムで適用することにより回避できる可能性が高まります。

7.5
まとめ

　本章では、クラウド環境下でのストレージコストを最適化するためのさまざまなアプローチについて詳細に解説しました。効率的なストレージ利用のためには、まず適切なストレージタイプ（ブロック、オブジェクト、ファイルストレージ）の選択が基本であり、それぞれの特性とユースケースを理解することが不可欠です。そのうえで、不要なデータは削除し、ストレージリソースの最適化、冗長性の見直し、そして割引価格プランの適用というステップを踏むことで、コスト効率を大きく向上させることが可能となります。

　リソースの削除や最適化においては、不要なデータの特定と削除、データアクセスの頻度に基づいた適切なストレージティアへの移動が重要となります。また、冗長性の見直しでは、必要以上のデータ保持を避けつつも、ビジネス要件を満たす適切なレベルのデータ保護を実現するためのバランスが求められます。

　さらに、予約購入やボリュームディスカウントなどの価格戦略を利用することで、将来のコスト削減を見込むことができます。これら割引プランは、使用予定のデータ量やビジネスの成長見込みをもとに慎重に計画することが重要です。

　クラウドストレージコストの最適化は、ビジネスのニーズに合わせ、コストと信頼性やパフォーマンスの最適なバランスを見つけて対応するためには、前述のような手法を複合的に活用する必要があります。

まとめ **7.5**

Column

コスト削減施策の優先順位　ストレージコスト編

本章で紹介したストレージのコスト削減施策には以下のようなものがありました。

- リソース削除
  不要ストレージの削除
  ストレージ内の不要ファイル削除
- リソース最適化
  ティア変更（ライフサイクル管理の適用）
  冗長性の見直し
- 価格見直し
  割引プランの適用（ボリュームディスカウント、予約容量）

以下では「横断組織」と「各プロジェクトチーム」でどのような優先順でコスト削減施策を適用していくのか、その考え方の例を紹介します。

横断組織の場合

優先順の考え方の基本はコンピュートのときと同じです。システム影響が出る可能性のあるリソース削除系の施策は基本的にできません。削除を直接的にはできませんが、見直しを依頼することは可能です。組織として動く場合、直接削除するのではなく横断組織だからこそわかる情報を元に見直しを依頼していくことになります。

たとえば不要ストレージ削除やストレージ内の不要ファイル削除といった、ストレージリソース削除に関する施策に関して、他のプロジェクトなどと比較したうえでどの程度多いのかは言えるでしょう。

とはいえ、プロジェクト側からすると何らかの事情があって消せないケースもあります。どの程度操作されていないのか、といった情報をあわせることでティア変更の検討依頼も可能です。あわせてライフサイクル管理の設定をしてもらうことを検討依頼できます。

まずは前述のような可能な範囲での調整を行い、これ以上削減できそうにない状態になったところで、最後に可能な限り複数プロジェクトのリソースをまとめて割引プランの適用を狙います。

各プロジェクトチームの場合

プロジェクトチームの場合はどの施策もタイミングさえ調整できれば適用は可能です。ただし、対応すべき順序はあります。

まず実施したいのが不要なストレージリソースやリソース内の不要ファイルの削除です。最初に使わないデータ、使う見込みのないデータを消していきます。次に行うのはライフサイクル管理の適用です。冗長性の見直しも実施はしたいところですが、実際は移行コストを払ってもメリットが得られるかの判断があるので実施可否は難しい判断になります。ほとんどのケースで適用が難しい判断になるので、冗長性の見直しは最初の設計時に失敗するとリカバリが難しい観点になります。不要なリソースやファイルの削除が終わり、ライフサイクル管理の設定までできたら、最後に割引プランの適用を検討します。

187

8章

データベースコストの最適化

　クラウド環境でコンピュート、ストレージに続いて利用されることが多いのがデータベースです。本章では、IaaSとPaaSのデータベースの違いから、リソース削除やバックアップの見直し、レプリケーションの調整、スペックダウンの検討、価格見直しまで、包括的にコスト最適化の手法を紹介します。まずはリソースの削除やバックアップの見直し、レプリケーション設定の調整など具体的なアプローチを通じて、無駄なコストを徹底的に削減していく方法を詳しく紹介します。一定の削減ができればよりやすい価格プランを適用することができます。各クラウドサービスがどのような価格プランを提供しているのか紹介していきます。また、OSSデータベースへの移行や持ち込みライセンス（BYOL）の活用といった、ライセンスコスト削減手法についても解説します。最後に、アーキテクチャ変更を伴うコスト削減に寄与するさまざまな手法についても紹介します。

8.1

クラウドで扱うデータベース

　クラウド上でのデータベース運用には、IaaSとPaaSの2つの方法があります。IaaSは仮想マシン上にデータベースを構築し、自身で管理する自由度が高い方式です。一方、PaaSはクラウド事業者が管理を担い、ユーザーは運用負担を軽減できます。それぞれの特徴と適用シナリオについて解説します。

クラウド上のデータベースの種類

　クラウド上でデータベースを利用しようとした場合、大きく以下の2種類の方法があります 図8.1 。

- IaaS上に構築したデータベース
- PaaSとして提供されるデータベース

図8.1 IaaS, PaaS の違い

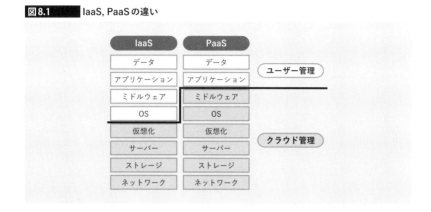

　IaaS上に構築したデータベースとは、クラウド上に仮想マシンを構築し、その仮想マシンに直接データベースをインストールして利用する方法です。PaaSとして提供されるデータベースとは、クラウド事業会社が提供するデータベースサービスで、インフラ部分からミドルウェア（データベースのソフトウェア）までを運用管理してくれるものです。

　両者の大きな違いは、どこまでをクラウド側が管理し、どこからがユーザー側管理になるのかという点になります。この違いがどのように表れてくるのか、それぞれの特徴について、これから詳しく紹介していきます。

IaaSデータベース

　IaaSベースのデータベースは、ユーザー自身で用意された仮想マシン環境においてユーザーが自らデータベースソフトウェアをインストールして運用する形式をとります。これにより、IaaSベースのデータベースは、物理サーバーや専用データセンターのような物理的なインフラストラクチャへの投資を必要とせずに、データベースサービスが利用できます。おもな特徴は以下のとおりです。

- **コントロールとカスタマイズの自由度**
  IaaSベースのデータベースでは、仮想マシンのOSからデータベースの設定、セキュリティポリシーに至るまで、すべて自分たちで管理できるので、幅広いカスタマイズが可能である。これにより、特殊なアプリケーション要件やパフォーマンス基準に合わせた環境を構築できる

- **維持管理の負担**
  ハードウェアの維持や物理的なインフラの管理はクラウドプロバイダーが担うが、OSやデータベースソフトウェア自体の管理はユーザーの責任である。つまり、OSやデータベースソフトウェアに対するパッチ適用、アップグレード、マルウェア対

8 | データベースコストの最適化

策、冗長化、バックアップといった作業はユーザーの責任で準備または実施する必要がある

利用シナリオには、以下のようなものが考えられます。

- **レガシーシステムのクラウド移行**
  既存のオンプレミスデータベースをクラウドに移行する場合、IaaSを利用すると、既存のアーキテクチャを大きく変更することなく、クラウドのメリットを享受することができる。オンプレミスからクラウドへの移行という観点であれば簡単かつ楽な方法ではあるが、通常はオンプレミスからの移行先として最初に考えるのはPaaSのデータベースへ移行を考える。IaaSベースのデータベースへ移行を考える場合、サーバーのEOSLが近い、データセンターの閉鎖が近いなど時間的に余裕がなくテストが十分に行えないような場合、IaaSの方が差分が小さくできるため、移行時に発生する問題が少なくできる可能性が高くなる

- **特定の技術要求がある場合**
  データベースにある特殊な設定(セキュリティやパフォーマンスなど)が必要な場合、データベースサーバー自身のファイルシステムと密結合するような実装を行っているような場合など、特殊要件がある場合、IaaSベースのデータベースであればこうした要件を満たせる可能性が高くなる

PaaSデータベース

PaaSデータベースは、クラウドプロバイダーがインフラからデータベースまでの運用管理全般を担当し、ユーザーはデータの格納、管理、検索に集中できるように設計されたサービスです。IaaSベースのデータベースと異なり、データベースソフトウェア自体の管理もクラウドサービス側が担当するため、IaaSで負荷となる維持管理のさまざまな作業(パッチ適用、アップグレード、冗長化、バックアップなど)を省略または設定のみで利用できます。

各クラウドサービスが提供するPaaSデータベースには **表8.1** のようなものがあります。

表8.1 各クラウドが提供するPaaSデータベース例

クラウドサービス	データベースサービス
Amazon Web Services (AWS)	Amazon RDS for MySQL Amazon RDS for PostgreSQL Amazon RDS for SQL Server
Microsoft Azure	Database for MySQL Database for PostgreSQL SQL Database
Google Cloud	Cloud SQL for MySQL Cloud SQL for PostgreSQL Cloud SQL for SQL Server

おもな特徴は、以下のとおりです。

- **運用管理負荷の軽減**
  PaaSデータベースでは、データベースのインストール、設定、保守、アップグレードなどをクラウドサービス側ですべて担当する。これにより、ユーザーはインフラの詳細から解放され、データベースの設計、実装といった開発やデータ整備などビジネスに直結する作業に専念できる。また、レプリケーションやバックアップといった機能も設定のみで利用可能となっており、IaaSで手作業する場合と比べると格段に簡単にこうした機能を利用できる

- **スケーラビリティ**
  ストレージに関しては利用状況に応じてリソースを自動的にスケールアップできるため、データがどこまで増えるかわからない状況においても不安なく利用開始でき、追加対応なくストレージの拡張ができる

- **統合されたセキュリティ機能**
  PaaSデータベースは、データ暗号化、アクセス制御、監査など、セキュリティを強化する多数の機能を提供している。IaaSでも個別に実装すれば利用はできるが、PaaSデータベースだとこうした機能も標準で利用できたり、必要であったとしても数クリックの設定で利用できるようになっている。業界によっては厳しく求められる企業のコンプライアンス要件も簡単に満たすことができる

利用シナリオとしては以下のようなものが考えられるでしょう。

- **レガシーシステムのクラウド移行**
  特殊要件のないデータベースをオンプレミスで利用している場合、最初に検討したいのがPaaSデータベースへの移行である。データベースはシステムの中でも要といっていいほど重要な部分である。その分、対応しなければならない作業も多く運用負荷が高いのも事実だ。こうした事情からも、オンプレミス環境からの移行先としてデータベースだけはPaaSデータベースへ移行することを考える

- **アプリケーションの迅速な開発とデプロイ**
  スタートアップや新規ビジネスのように、開発者が新しいアプリケーションを迅速に市場に投入したい場合、PaaSデータベースは開発速度を大幅に向上させることができる。IaaSベースのデータベースと異なり構築から利用可能になるまでがとても速く、加えて運用管理に関する負荷も減らせるため、素早くシステム構築したい状況にあったサービスになっている

8.2
リソースの削除

　不要なデータベースリソースの削除は、コスト削減の基本です。テスト中に作成したまま放置されたデータベースなど不要な消し忘れリソースを特定し、削除する方法を説明します。また、削除時の依存関係の確認やバックアップの取り扱いなど注意事項についても解説します。

8 | データベースコストの最適化

使われていないものを探して消す

データベースも単純に使われていない仮想マシンを探すだけでなく、その中身や関連リソースに至るまで、使われていないものは徹底的に探していきましょう。

- データベースリソースの削除
- テータベースリソースの中身の削除
- 関連リソースの削除

リソース自体の削除

データベースリソースのコスト最適化においても、リソース自体の削除は最初に検討する手段です。適切にリソース削除が実施できれば、コスト削減だけでなくセキュリティ強化やシステム最適化にも貢献します。本節では、削除対象のリソースをどのように見つけ、削除を進める際の考慮点について解説していきます。

■───── 対象の探し方

基本的には消し忘れたデータベースリソースを削除します。障害対応や動作検証などを行った後に消し忘れたデータベースや、プロジェクト期間のテストや開発で一時的に作成したデータベース、間違って普段使わないリージョンへ作ってしまったデータベースなど、使われていないデータベースを探します。

最も簡単な方法はリソース名を使った判断です。ただし、この方法が利用できる前提として命名規則を用いてリソースを管理していることが必要になります。命名規則を用いてリソースを管理している場合、リソース名からその用途やライフサイクルを判断し、削除の対象を特定できます。たとえば、リソース名にプロジェクト名や環境名、障害番号などが入っていればこうした判断がしやすくなります。命名規則がそもそもなかったり、徹底しきれていなかった場合、データベースのメトリック（コネクション数やCPU使用率など）を見て判断することになります。こうしたメトリックを一定期間観測することで、使用されていない、または低利用のリソースを特定することができます。また、請求書やコスト分析ツールにおいて、見覚えのないリソースに対する請求がないか確認する方法もあります。普段と異なるリージョンに誤って作成しているようなケースだと、クラウドサービス管理画面上から見つけづらいケースがあります。たとえ忘れ去られて見つけづらいリソースでも、請求書やコスト分析の明細には出てきます。こうした情報から過剰になっているデータベースや未使用のデータベースを見つけられる場合があります。

リソースの削除 **8.2**

■─── 削除時の考慮点

実際に削除する際、いくつか気をつけておきたいポイントがあります。

まずは依存関係の確認です。削除予定のリソースが他のアプリケーションやシステムコンポーネントと依存関係にある場合、その影響を事前に検討し、必要に応じて代替措置を講じる必要があります。たとえば、開発環境やテスト環境のような環境で1つのデータベースリソースに対して複数の論理データベースを作成して共用しているようなケースです。このようなデータベースの場合、1つ消すと複数の環境に影響するので、すべての環境に対して影響が出ないことを確認する必要があります。

バックアップに関しても考慮が必要です。データベースを削除すると関連するバックアップも同時に消されてしまう場合があります。リソースとしては使っていないけれど、データとしては保持しておきたいといった場合、データベースのバックアップを手動で作成してより安価なオブジェクトストレージに保管するなど、別途対策を削除前に行う必要があります。

┃リソースの中身の削除

データベースの中身を常に適切なデータ量に保つことはデータベースリソースを適切に運用するためにも、データのライフサイクル管理においても、重要な取り組みです。定期的にデータ整理するプロセスを通じて、データの整合性を保ちながら、不要なデータを効率的に削除し、データベースの最適化とコスト削減を実現します。

■─── 整理対象の洗い出し

肥大化しがちで、整理しやすいテーブルを対象に検討します。具体的には以下のようなものがあります。

- 外部通信の記録のような増え続けるログテーブル
- 取引データのような増え続けるトランザクションテーブル

整理できるテーブルがないか探すには、調査が必要です。まずはデータベースの各テーブルにおいて、どれくらいのレコード数があるのか、データ量が含まれているのかを確認します。続いて、データ量が多いテーブルからデータ削除ないしパージ（より安いオブジェクトストレージなどへ書き出して削除）ができないか検討します。検討する際はデータの使用頻度や重要性を考慮します。こうして洗い出されるテーブルには前述のようなログテーブルや取引データテーブルのようなものが上がってきます。前述のようなテーブルに対しては、保持期限を定め、それ以上になったデータをバッチなどを使って定期的に削除ないしパージしていきます。

193

8 データベースコストの最適化

■──── 削除時の考慮点

基本的にはデータベース自体の削除と考慮すべき点は同じです。依存関係があるようであれば、整合性の担保が必要ですし、データを消すので必要に応じてより安いストレージ（オブジェクトストレージなど）へ移動させる、といった点が注意点になります。加えて、テーブル削除およびテーブルの一部データ削除の場合、データベースを削除するわけではなく、稼働中のデータベースを操作することになります。そのため、削除実行する際はシステム負荷が少ない時間帯（夜間など）を選ぶといった注意は必要です。また、短期間のうちに大量にデータ削除する場合、統計情報[*1]に影響が出る可能性が出てくるので、統計情報の更新が必要ないか検討も行います。

8.3

リソース最適化

バックアップの見直しやレプリケーション設定の調整は、データベースリソースの最適化において重要な要素です。適切なバックアップ頻度や保持期間を設定し、不要なレプリケーションを削減することで、コストと信頼性や可用性の要件とのバランスを最適化する方法を紹介します。

非効率な利用を見直す

業務の根幹ともいえるデータベースはなかなか消そうと思っても消せないものです。本節では完全に消せなかったとしても見直せそうなポイントについて以下のような内容を紹介していきます。

- バックアップの見直し
- レプリケーションの見直し
- システム全体のスペックダウン

[*1] 統計情報とはデータベースのデータ分布、どのようなデータがどのような頻度で保持されているか、をまとめた情報のことを指します。これらの情報は、データベースに対する問い合わせ（クエリ）を実行する際、その実行計画（どのように検索や集計を行うのかというその処理手順）を作成する際に利用されます。

リソース最適化 **8.3**

バックアップの見直し

ストレージリソースの最適化と同様の観点になりますが、データベースもバックアップを見直すことで保存に利用されるストレージ分のコスト削減が検討できます。データベースのバックアップもやりすぎはデータ量の増加、コストの増加につながります。バックアップする頻度や期間を適切に調整することでデータ損失のリスクを最小限に抑えつつ、ストレージ使用量と運用コストを効率的に管理することを目指します。

■──── 見直し対象の洗い出し

これまで同様、基本は、事業継続（BC）や災害復旧（DR）戦略におけるリカバリポイント目標（RPO）とリカバリタイム目標（RTO）を明確にし、バックアップの頻度と保持期間でズレているデータベースを探し出すという方法になります。

まずは対象を特定する必要があります。現在のバックアップとスナップショットの一覧を取得し、RPOとRTOに基づいて必要性を評価します。このとき、データベースに付属するバックアップツールやバックアップの自動化ツールの利用状況も確認します。こうしたバックアップのしくみにおいてどのようなポリシーに基づいてバックアップのスケジューリングと削除が行われているか確認します。バックアップの現状と設定が揃ったところで、関係者と事業継続（BC）や災害復旧（DR）について協議します。どのような災害状況を想定するのか、その想定状況に対してどこまでデータロスが許され（RPO）、どれくらいで復旧させたいのか（RTO）を検討します。これらによって、バックアップの必要性について、システムのオーナー（事業側）や運用管理者と合同で協議し、各データベースの重要度を確認します。見直す対象が絞り込まれれば、バックアップポリシーの見直しを行い、定期的にその効果を監視・評価し、必要に応じて調整を行います。

■──── バックアップ見直しの観点

バックアップデータ量に関して理解するには、バックアップ方法を理解する必要があります。一般的には**完全バックアップ**、**差分バックアップ**、**増分バックアップ**のいずれかの方法でバックアップが行われます。それぞれバックアップ・リストアの速度やデータ量に以下のような特徴があります **図8.2** 。

195

8 データベースコストの最適化

図8.2 バックアップの種類

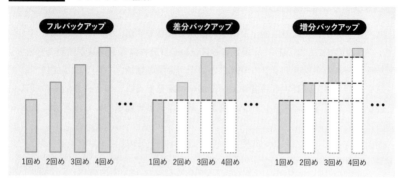

- 完全バックアップ（フルバックアップ）
  毎回全データをバックアップする方法。バックアップに時間がかかるが、復元する時間は短くできる。毎回全データをバックアップするためデータ量は多くなる
- 差分バックアップ
  定期的に完全バックアップを実行しつつ、普段は直近の完全バックアップからの差分を保存する方法。完全バックアップよりバックアップ時間やリストア時間を短縮でき、データ量も圧縮できる
- 増分バックアップ
  初回に完全バックアップを取得し、以降は前回バックアップからの差分のみを保存する方法。バックアップするデータ量が最も少なく、バックアップ時間も短縮できる。一方で復元する際にはフルバックを取得してから復元したいバックアップデータまですべて結合して戻していく必要があるため時間がかかる

クラウドサービスが提供するPaaS系データベースのバックアップ手法についても理解が必要です **表8.2** 。

AWSのRDS（*Amazon Relational Database Service*）の場合、自動バックアップは初回のみ完全バックアップで以降は増分バックアップでバックアップされます。

Azureの場合、データベースの種類によってバックアップ方法が異なります。MySQLは完全バックアップですが、PostgreSQLとSQL Serverは差分バックアップです。Azureのバックアップは完全バックアップまたは差分バックアップであるため、AWSやGoogle Cloudの増分バックアップに比べてコスト面で不利ですが、AzureのMySQLとPostgreSQLについては、プロビジョニングしたストレージサイズと同サイズまではバックアップストレージが無料となるしくみがあります。

Google Cloudの場合、増分バックアップを行います。Google CloudのCloud SQLの場合、リテンション期間を過ぎて消されるバックアップが出たとき、最も古いバックアップが完全バックアップになるようマージされます。つまり、最大で完全バックアップ1件と残りが増分バックアップというデータサイズに収まるようになっ

リソース最適化 **8.3**

ています。

表8.2 クラウドサービスが提供するデータベースの自動バックアップ

クラウドサービス	データベースサービス	データベース	自動バックアップ
Amazon Web Services (AWS)	RDS	MySQL	増分バックアップ
Amazon Web Services (AWS)	RDS	PostgreSQL	増分バックアップ
Amazon Web Services (AWS)	RDS	MS SQL	増分バックアップ
Microsoft Azure	Database for MySQL	MySQL	完全バックアップ
Microsoft Azure	Database for PostgreSQL	PostgreSQL	差分バックアップ
Microsoft Azure	SQL Database	MS SQL	差分バックアップ
Google Cloud	Cloud SQL	MySQL	増分ックアップ
Google Cloud	Cloud SQL	PostgreSQL	増分バックアップ
Google Cloud	Cloud SQL	MS SQL	増分バックアップ

参考 ・バックアップの概要 / AWS（Amazon Relational Database Service（Amazon RDS）とは）
　　URL https://docs.aws.amazon.com/ja_jp/AmazonRDS/latest/UserGuide/USER_Working
　　　　WithAutomatedBackups.html
　・Amazon RDSのバックアップと復元（AWS）
　　URL https://aws.amazon.com/jp/rds/features/backup/
　・Azure Database for MySQL - フレキシブルサーバーでのバックアップと復元 / Azure
　　URL https://learn.microsoft.com/ja-jp/azure/mysql/flexible-server/concepts-backup-restore
　・Azure Database for PostgreSQL（フレキシブルサーバー）でのバックアップと復元 / Azure
　　URL https://learn.microsoft.com/ja-jp/azure/postgresql/flexible-server/concepts-backup-restore
　・Azure SQL Databaseの自動バックアップ / Azure
　　URL https://learn.microsoft.com/ja-jp/azure/azure-sql/database/automated-backups-
　　　　overview?view=azuresql
　・Cloud SQLバックアップについて - MySQL / Google Cloud
　　URL https://cloud.google.com/sql/docs/mysql/backup-recovery/backups
　・Cloud SQLバックアップについて - PotgreSQL / Google Cloud
　　URL https://cloud.google.com/sql/docs/postgres/backup-recovery/backups
　・Cloud SQLバックアップについて - SQL Server / Google Cloud
　　URL https://cloud.google.com/sql/docs/sqlserver/backup-recovery/backups

　バックアップのコストは保管するデータ量に依存します。データ量はデータベース自体のデータ量やバックアップ方法にも依存しますが、バックアップ頻度が高く、長期間保管するような設定であると、累積でデータが保管されるため、どうしてもコスト増加につながってしまいます。不要なバックアップが作成されないように、自動バックアップの設定を適切に調整する方法も考えます。

　バックアップ設定のポイントは頻度と期間の調整です **図8.3** 。基本的な考え方として、1週間や1ヵ月といった直近データは頻度高く設定しますが、それ以上古いデータに関しては1ヵ月ごとなどバックアップデータを減らすようにします。ただし、こうした設定見直しはクラウドサービスの提供するデータベースサービスの自動バックアップで設定しきれない場合があります。その場合、手動でのバックアップ（バックアップのしくみを構築する）も検討します。

197

8 データベースコストの最適化

図8.3 バックアップ頻度と期間

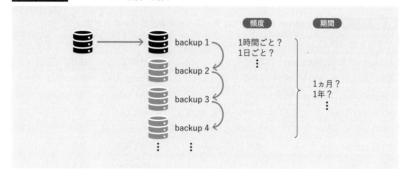

　クラウドサービスが提供するバックアップサービスを利用したバックアップは簡単にバックアップ・リストアを実現できますが、コストのみの観点でいうと、オブジェクトストレージに吐き出すことでより安く保管することができます。とくにランサム対策のような用途で念のため長期保管したほうが良いようなケースであれば、オブジェクトストレージのアーカイブを利用する方法も検討できます。利便性は落ちてしまうので、RTOに関して注意が必要ですが、許されるのであれば採用を検討します。

レプリケーションの見直し

　データベースレプリケーションは、複製したデータベース自体ないしはデータベースを複製する全体的なしくみのことを指します。データベースの複製を1つ以上作成し、それらを異なる物理サーバーやロケーションに配置することで、データの可用性、耐障害性、読み取り性能の向上を狙うしくみです。バックアップとは異なり、リアルタイムで更新が行われるため、障害時には即時の切り替えが可能です。典型的な利用用途としては、データベースの冗長化と外部連携やデータ分析といった読み取り用の複製の2つの用途です **図8.4** 。

図8.4　レプリケーションの種類と用途

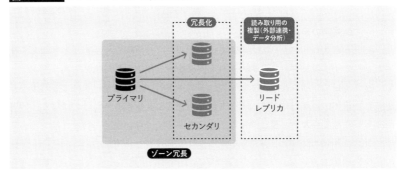

　レプリケーションの見直しでは、データベースリソースの冗長性や目的を確保しつつ、コスト効率と性能のバランスを最適化することを目指します。たとえば、不必要に多いレプリカを準備していたり、過剰なスペックのレプリケーションを用意していたりする場合、コストの増大を招いている可能性があるので、これらを見直すことでコスト削減を行い、リソース利用効率の向上を狙います。また、レプリケーションサーバーに対してオートスケールが設定できる場合がある、または構成できる場合があるため、レプリケーションサーバーに対する負荷が一定でない場合、レプリケーションサーバーに対してオートスケールを設定する方法も考えられます。

■——対象の洗い出し

　まず検討したいのが、システム連携やデータ分析などを想定して準備された読み取り専用レプリケーションです。コストをかけて用意しているにもかかわらずあまり使われていないようであれば、削除ないし代替策への移行を検討します。アクセス状況の分析はレプリケーションに対するアクセスログの確認で分析できます。まずはレプリケーションのアクセスログを確認し、十分なアクセスが行われているか確認し、必要性について判断します。

　災害対策用途として用意したレプリケーションはリスクに対するものなので、一概に簡単に消せるかどうかは難しい判断になります。データベース削除の時と似ていますが、レプリケーションの場合、可用性向上の観点になってくるので、SLAやSLOといった数値目標が参考になる情報になります。よくある見直し箇所は、開発環境や検証環境です。開発環境や検証環境は開発中は本番相当として同じような冗長構成まで再現しているケースがありますが、いったんシステムが安定稼働した後であればその必要性について見直しをする価値があります。フェールオーバーの機能を確認したい、冗長化処理のパフォーマンスが見たいといった明確な目的がある場合は単純なアプリケーションとしての機能確認がおもな用途であれば、冗長構成

8 データベースコストの最適化

をなくすことも検討の余地があります。

■——— 削減時の観点

システム連携やデータ分析の用途で作成したレプリケーションをなくす場合、代替策としてオブジェクトストレージへデータを吐き出すという方法もあります。とくに社員情報や商品情報のようなマスターデータといわれるデータではこのような連携をするケースがあります。データ自体も頻繁に変更があるわけではなく、変更があったとしても大量に書き換えるといった内容ではないため、利便性はやや落ちますが、コストメリットを優先する手法として考えられます。

冗長化用途でのレプリケーションを減らす場合、想定する障害においてSLAやSLOを満たせるレベルになっているか確認し、余計なレプリケーションが存在するのであれば削減を検討します。クラウドサービスによって呼び方は異なりますが、冗長化レベルをリージョン間なのか、ゾーン間なのか、ラックレベルで良いのかといったレベルで見直すことになります。

システム全体のスペックダウン

一般的なWebシステムでよくある構成はWeb、AP（アプリケーション）、DB（データベース）の3階層構成です 図8.5 。この構成においてよくボトルネックとなるのがAPサーバーです。つまり、DBサーバーには一定の余白を作っているケースがほとんどです。

図8.5　典型的なWebアプリケーション構成

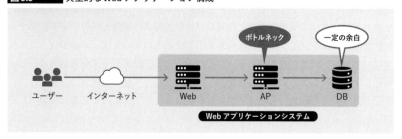

DBサーバーのスペックに余裕を持たせるのにはいくつか理由があります。DBサーバーで一般的によく使われる高負荷時の処理能力向上方法は、スケールアップでの対応になります。スケールアップによる性能向上を行おうとするとシステム停止を伴います。Webシステムがどのような性質のものか、そのユーザーが社内ユーザーなのか一般ユーザーなのかといった内容で停止の可否や許容時間も変わってきます。なかなか性能向上ができない性質のリソースであるため、あらかじめ性能とし

リソース最適化 **8.3**

て求められる需要を予測し少し余白をもって設計することが往々にしてあります。

■——— 見直し対象の洗い出し

システム稼働開始時の負荷予測と現状の負荷実測を比較する必要があります。データベースであればCPUやメモリ、ディスクI/Oといったメトリクスがスペックを再検討する際に必要となる値になります。当初想定どおりのユーザー獲得がある一方で、データベースの負荷が想定ほど上がっていないのであればスペックダウンの検討余地があります。当初想定のユーザー獲得ができていない場合、そもそもシステムとしての要否や投資収益率（ROI）が問われるような別の問題になってきます。当初予定と現状を比較することで見直し対象となるかを判断していきます。

■——— 見直し時の観点

実際にスペック見直しを行う場合、当初予測との差異から実施可否を判断することになります。その際、今後の計画としてアプリケーション機能強化としてどのようなことを検討しているのか、キャンペーンなど大規模なアクセス増加が発生するようなイベントを企画しているのか、といったことを合わせて検討します。

アプリケーション機能強化は利用ユーザー拡大のためによく行われるものです。追加機能の内容によってはデータベースの集計や編集など負荷の高い処理を頻繁に行うようなものが入ったりします。こうした場合、スペックダウンが裏目に出るケースも考えられるので、スペックダウンを実際に行う場合にはリスクとしてよく検討しておく必要があります。

キャンペーンなどの特殊イベントによるアクセス増加およびデータベースに対する負荷増加が想定される場合、スペックを下げずにそのままという判断もあります。ただ、こうした一時的な特殊ケースに対応が必要な場合、データベースに対するリクエストをキューイングするしくみをAPサーバーとDBサーバーの間に導入することでデータベースの通常時スペック自体を見直すきっかけにできないかも考えます **図8.6** 。アクセスピークに合わせるようなシステムパフォーマンス設計はそもそもオンプレミス時代の古い設計思想なので、クラウド活用が必要となる時代では、特殊なピークに対してはそれに応じたキューイングを導入するのが一般的な対策です。

各クラウドサービスのキューサービスは **表8.3** のようなものがあります。

201

8 データベースコストの最適化

図8.6 キューイング

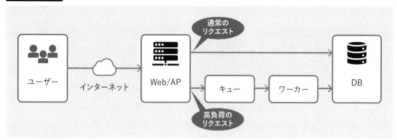

表8.3 キューサービス

クラウドサービス	キューサービス
Amazon Web Services（AWS）	Amazon Simple Queueing Service（SQS） Amazon MQ …など
Microsoft Azure	Azure Service Bus Azure Storage Queue …など
Google Cloud	Google Cloud Pub/Sub Google Cloud Tasks …など

8.4 価格見直し

　データベースのコストを見直すためには、予約購入の活用や持ち込みライセンス（BYOL）の適用も有効です。長期的に利用するリソースには予約購入を検討し、既存ライセンスをクラウドに持ち込むことでコスト削減を図ります。それぞれの方法と適用時の注意点を本節で解説していきます。

適切な料金プランになるよう見直す

　データベースに対する割引プランとしては、仮想マシン（コンピュート）の割引プランと似たようなしくみが存在しています。ここではクラウド上のデータベースをより安く利用するための方法を2つ紹介します。

価格見直し **8.4**

- 予約購入
- 持ち込みライセンス（BYOL）

予約購入の活用

　コスト最適化で簡単に思いつく方法が **表8.4** のような予約購入を使ったコスト削減です。仮想マシンと同じで、長期にわたって利用することが確定しているデータベースリソースに対して前もって利用予約することで、割引を受けることができます。この手法は、コスト削減を図りながらも、必要なデータベースリソースを確実に確保するための手法です。

　各クラウドサービスではデータベースに対して1年ないし3年の利用を行うことを前提にコンピューティングリソースに対する割引を提供しています。

表8.4　予約購入の割引プラン

クラウドサービス	割引プラン
Amazon Web Services（AWS）	Amazon RDS Reserved Instance（RI）
Microsoft Azure	予約割引（Reservation discount）
Google Cloud	確約利用割引（CUD, Committed use discounts） （費用ベースのコミットメント）

参考 ・Amazon RDS リザーブドインスタンス（AWS）
　　URL https://aws.amazon.com/jp/rds/reserved-instances/
　　・Azure の予約とは（Azure）
　　URL https://learn.microsoft.com/ja-jp/azure/cost-management-billing/reservations/save-compute-costs-reservations
　　・確約利用割引（Google Cloud）　**URL** https://cloud.google.com/sql/cud

■──── 対象の探し方

　簡単な探し方は、仮想マシンと同じで各クラウドサービスが提供する推奨ツールのガイダンスを確認する方法です。推奨ツールは稼働開始からすぐに表示されるわけではないので、一定期間の運用を行った後に確認が必要となります。推奨ツールでは、コスト最適化に限らずさまざまな情報を提供してくれるので、定期的に推奨ツールを確認して改善箇所がないか運用していくのが理想的です。

　手動で実施する場合、過去の利用データを分析し、将来的にも継続して利用する可能性の高いリソースを特定することになります。コスト分析ツールを利用し、データベースリソースが長期にわたって一定に使われていることが確認できれば予約購入の適用を検討します。適用する際は、予約購入の契約条件（解約可否、変更可否など）を各クラウド事業会社の提供情報をもとに確認し、自社の運用に合うか検討した後、適用していきます。

203

8 データベースコストの最適化

■———— 適用時の注意事項

予約購入を検討する際に変更や解約（キャンセル）をはじめ考慮すべき点があります **表8.5** 。

予約購入の制度は利用を確約することで安く利用できる制度です。まずは、利用の確実性について確認が必要です。予約期間中（たとえば1年や3年にわたって）リソースが確実に必要であるかを評価します。ポイントは利用されなかったとしても支払ったお金が返ってこないという点です。AWSやAzureは一定条件下でサイズ変更を許容していますが、Google Cloudは執筆時点では許容されていません。変更できる範囲をあらかじめ認識しておき、その変更範囲における利用の確実性に不安があるのであれば、たとえ単価が安くなったとしても無駄な出費が発生してしまいかえって高くなる可能性があるため、従来どおりの従量課金での利用を考えます。すでに一定の運用が行われており、安定稼働がこの先も当面見込まれるのであれば、予約購入を利用することでコスト最適化が行えます。

予約購入をする際は割引率と契約条件についても確認します。たとえば、契約期間終了前の解約や変更が可能かどうかの条件を確認します。執筆時点において、AWSは条件が厳しく変更やキャンセルができませんが、Azureは一定条件下で可能、Google Cloudはキャンセル不可ですが、費用ベースのコミットになるため一定費用を使うようになっていれば変更可能です。とくにスペック変更の可否に関しては注意が必要です。社内システムのように長期で変化が少ないものであれば問題ありませんが、一般顧客向けサービスのようにユーザー数の増加を見込むようなサービスの場合は変更が必要になった場合の対策まで検討しておく必要が出てきます。

表8.5 割引プランの変更・解約（キャンセル）

クラウドサービス	割引プラン
Amazon Web Services（AWS）	同一インスタンスタイプ内の異なるサイズへの変更は可能。プラン自体の変更、キャンセル不可。払い戻し不可
Microsoft Azure	別サイズや別リージョンなど、一定の条件下でプランの更新可能。一定条件下での払い戻しも可
Google Cloud	キャンセル不可

参考 ・Amazon RDS リザーブドインスタンス（AWS）
　　URL https://aws.amazon.com/jp/rds/reserved-instances/
・Azureの予約のセルフサービスによる交換と払戻（Azure）
　　URL https://learn.microsoft.com/ja-jp/azure/cost-management-billing/reservations/exchange-and-refund-azure-reservations
・確約利用割引（Google Cloud）
　　URL https://cloud.google.com/sql/cud

BYOLの適用

BYOL（持ち込みライセンス）とは前述のとおり、すでに持っているソフトウェアライセンスをクラウド環境に持ち込むことで、ライセンス料分のコストを削減する方法です 図8.7 。とくに、高価なデータベースソフトウェア（例 Microsoft SQL Server, Oracle Databaseなど）のライセンスコストの最適化を狙った方法です。

図8.7　持ち込みライセンス（BYOL）の適用

クラウドサービスで有償のデータベースを利用しようとすると、標準ではインフラ利用料に加えてデータベースのライセンス料金が加算されて請求されます。もともとライセンスを持たないユーザーの場合、ライセンス調達が同時に完了するので便利ですが、すでにライセンスを持っている場合は重複して支払う形になるので無駄になります。たとえば、これからオンプレミス環境からクラウド環境へ移行するような場合やオンプレミス環境とクラウド環境を同時に利用しているような場合にライセンスの余剰が発生しがちです。このような状況においてBYOLを実施すると、ライセンス分のコスト削減が可能となるため、純粋なインフラ利用料だけに抑えることが可能になります。ただし、どのような環境でもライセンス持ち込みができるかというとそういうわけではなく、適用条件があるので状況にあわせて確認が必要となります。

■──── Microsoft SQL Serverの場合

Microsoft SQL Serverのライセンス購入時にSA（*Software Assurance*）権を付属させている場合、ライセンスの有効期間内はクラウド事業会社（AWS, Azure, Google Cloud）の環境へライセンスを持ち込むことができます。ライセンス持ち込み先としてどのような環境が選択可能かはクラウドサービスによって状況が異なります。

クラウド活用したいのであればマネージドサービス（PaaS）を利用したいところです。AWSであればAmazon RDS for SQL Server、Google CloudであればCloud SQL for SQL Serverが存在しますが、AWSとGoogle Cloudのマネージドサービスに対して持ち込みライセンスの選択がありません。Azureが提供するマネージドサービ

スである SQL Database のみが持ち込みライセンス利用可能で、ハイブリッド特典
という名前で割引サービスを提供しています。

　クラウド上で稼働させる仮想マシンにインストールするタイプの SQL Server の場
合、いずれのクラウド環境でも持ち込みライセンスが適用可能になります。マーケ
ットプレイスなどで提供されるライセンス込みの仮想マシンを利用するのではなく、
自分で仮想マシンを構築し、SQL Server の手動インストールを行って利用します。

参考「ソフトウェアアシュアランスのよくあるご質問」(Microsoft)
URL https://learn.microsoft.com/ja-jp/licensing/software-assurance-faq

■——— Oracle Database の場合

　Oracle 製品のライセンスには Processor ライセンスと Named User Plus(NUP)ラ
イセンスの2種類があります。Processor ライセンスは、サーバーの CPU 数に比例
したライセンスで、NUP ライセンスは利用ユーザー数に比例したライセンスです。

　Oracle データベースの BYOL は、Oracle Cloud を除くと、AWS と Azure のみに承
認されており、それ以外のクラウド(Google Cloud を含む)は通常のオンプレミス環
境と同じ扱いになります。AWS や Azure 上に Oracle データベースのライセンスを持
ち込む場合、インスタンスで利用可能な vCPU を数え、コア数に対するライセンス
を適用します。コア数の数え方は、マルチスレッディングが有効の場合2 vCPU = 1
Processor、マルチスレッディングが無効の場合1 vCPU = 1 Processor として数え
ます。

　前述の持ち込みライセンスが利用できる環境は、AWS の場合、マネージドサービ
スである Amazon RDS for Oracle、仮想マシン上にインストールする Oracle データ
ベースになります。Azure の場合、Azure が直接提供する Oracle データベースのマ
ネージドサービスはないので、仮想マシン上にインストールする Oracle データベー
スになります。

参考「Licensing Oracle Software in the Cloud Computing Environment」(Oracle)
URL https://www.oracle.com/assets/cloud-licensing-070579.pdf

■——— BYOL 利用時の注意点

　すでに利用可能なライセンスを持っている場合、コスト最適化に利用できる便利
なしくみですが、利用には注意点もあります。

　まずは何よりライセンスポリシーの確認が必要です。ご自身が持っているライセ
ンスが利用している環境に対して適用可能なのか、ライセンスの条件や制約につい
て、ソフトウェア提供元およびクラウドプロバイダーのライセンスポリシーを確認
する必要があります。また、あわせてライセンスの適用範囲についても確認が必要
です。BYOL が適用可能なデータベースやサービスの種類、バージョンについても

制約があります。これらの具体的な情報についても把握しておく必要があります。

利用時に忘れてはいけない点がライセンス自体のコストです。BYOLを利用するとクラウド利用料の中からライセンス分は安くなります。ただし、会社全体で考えた場合、ライセンス料を支払っていないわけではなく、別の場所で支払い済みのものを再利用しているだけです。二重払いが解消したことによるコスト最適化である点がポイントです。利用する際にはプロジェクトや組織全体としてのコストを検討する必要があります。

8.5
リアーキテクト

本節ではアーキテクチャ変更を伴うけれどコスト削減に寄与するさまざまな手法を紹介します。バイナリデータをデータベースからオブジェクトストレージへ移行する手法は一般的によく行われる手法ですが、それ以外にもOSSデータベース利用によるライセンスコスト削減、IaaSデータベース利用などを紹介していきます。

さらなるコスト最適化を目指して

ここまでに挙げてきたコスト最適化手法だけでもかなりの効果が期待できますが、さらにコスト最適化する方法として、リアーキテクトでの対処方法を紹介していきます。

- バイナリデータの吐き出し
- ライセンスコスト削減（OSS利用）
- 帯域料金の最適化
- 適切なストレージタイプ、サイズに見直し
- IaaSデータベースの利用

バイナリデータの吐き出し

古いシステムを何も変更せずクラウドへ持ってきた場合、データベースにバイナリデータ（画像、音声、動画など）をBase64エンコードして保管しているようなケースがあります。本手法ではこうしたデータをオブジェクトストレージなどのより安価なストレージに吐き出す手法です。

8 データベースコストの最適化

　Base64エンコードはその実装方法の特性から元のデータの約1.3倍にデータが膨らみます。つまり、Base64エンコードしてデータベースのカラムへ入れるような実装は、そもそも高価なデータベースストレージに対して約1.3倍にデータを膨らませて保管するという、コスト観点からは避けるべき実装をしてしまっています。昔はデータベースの検索利便性からこうした実装を採用していたケースもありますが、現在はあまり見かけなくなりました。まだ昔ながらのBase64エンコードしたバイナリデータをデータベースに保管するような実装が残っているようであれば、モダナイズ (modernize) という意味も含めて設計を見直すのがお勧めです。

■── 対応方法

　Base64エンコードしたバイナリデータをデータベースに保管するような実装は、データベースに保管されたバイナリデータをオブジェクトストレージなどデータベースよりも安価なストレージに移動させ、データベースには該当ストレージを特定するためのパス情報を保管するように変更します 図8.8 。

図8.8　バイナリデータをオブジェクトストレージに移動

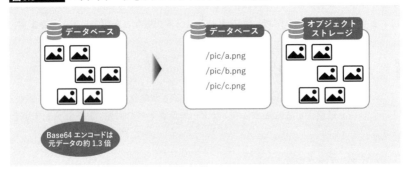

　単純に吐き出すだけであれば、前述のとおりデータベースにパスを入れて、中身（バイナリデータ）をオブジェクトストレージに入れれば問題ありません。これに加えて、オブジェクトストレージへアクセスする手前にキャッシュのしくみを入れると、通信量やAPI操作の料金に関しても削減が狙えます。キャッシュの要否はオブジェクトストレージに対するアクセスがどの程度あるかによりますが、オブジェクトストレージの操作に関する料金が高くついているようであれば検討の余地があります。

■── 注意点

　この実装を行うと、コストという観点ではメリットがありますが、運用に関して注意点があります。

データベースからバイナリデータをオブジェクトストレージに吐き出すということは、データベースとオブジェクトストレージの構成が密結合することになります。この影響として、たとえばバックアップやデータ移行を行おうとしたとき、データベースとオブジェクトストレージの両方を同時にバックアップや移行する必要が出てくるといったものがあります。どちらかに時間的な差異が発生するとデータ不整合が容易に起こってしまいます。データ不整合はそのままアプリケーションの不具合につながります。このように、異なる環境にデータが存在するため、あるタイミングでの断面が取りにくいというのが難点です。

ライセンスコスト削減　OSS利用

有償データベースを利用している場合、そのライセンスコストも馬鹿になりません。たとえば、冗長化構成をとろうとすると、場合によっては冗長化している台数分のライセンスが必要になってくるケースもあります。このような状況を抜本的に見直すのが、OSSデータベースへ移行する方法になります。OSSを利用することで、高額なソフトウェアライセンス費用の削減を目指します 図8.9 。

図8.9　OSSデータベースへの移行

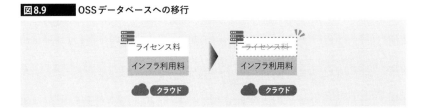

OSSデータベース移行のメリット・デメリット

実際にデータベースのライセンスコストが高かったとしても、なかなかOSSデータベースへの移行へ踏み切るのはためらわれます。背景としてはメリット・デメリットを考えた場合にデメリットが勝ってしまっていると考えるからです。大切なのは、有償データベースとOSSデータベースのメリット・デメリットを正しく理解し、実際にサービス適用しようとした際、どれくらいの期間でメリットが上回ってくるのか、しっかりと考えることです。以下では、移行させようとした際、必要となるメリット・デメリットについて整理してみます。

メリットとしては以下のようなものが考えられます。

- コスト削減

8 | データベースコストの最適化

本書のテーマでもあるコスト削減はOSSデータベースを利用して得られる恩恵の大きなものの一つ。有償データベースと違い、高額なライセンス費用が不要となり、コスト削減が可能となる。その適用範囲は広く、本番環境だけでなく、検証環境、開発環境にもわたる

・**技術的自由度の確保**

OSSを利用することでベンダーロックインを避け、柔軟性の高い開発環境を得ることができるようになる。たとえば、コンテナを利用しようとすると、OSSであれば気にせず利用できるが、有償データベースの場合、ライセンスを考える必要が出てくる。OSSデータベースに移行できれば、こうした煩わしさから解放され、柔軟な開発環境を手に入れることができる

・**カスタマイズ性の向上**

実際に行うかどうかは別問題だが、よく挙げられるメリットの1つがカスタマイズ性である。ソースコードにアクセスできるため、必要に応じてデータベース自体のカスタマイズや追加機能の開発が可能である

一方、デメリットは以下のような点が挙げられます。

・**移行コスト**

既存で動いているシステムに対して変更を加える必要があるため移行コストが必要になる。アプリケーションの実装だけでなく、データベースの移行も必要となる。そのため、既存の有償データベースからOSSデータベースへの移行には、相当数の時間とコストがかかる

・**移行リスク**

大規模なシステムになってくるとデータベース移行がうまくいかなかった場合のリスクについても考える必要がある。なんとなくで考えていると悪いほうへ考えてしまいがちなので、一般的なリスク分析と同じように問題が発生する確率とそのときの影響度からリスクの度合いを判定する。対策するにしてもお金で解決するにしても移行コストに影響するので、最終的にはリスクをコストへ換算していく

・**サポート体制**

有償データベースと比較すると、OSSデータベースのサポート体制はコミュニティ頼りになる部分がある。必ずしも適切な回答が適切な時間内に得られるとは限らず自社や協力会社である程度のスキルをためておく必要がある

・**学習コスト**

これまで慣れ親しんだデータベースから変更を行うので、それに伴った新たなOSSデータベースに関する技術習得が必要になる。学習して使えるようになるまでには時間もコストもかかる。自社だけですぐに賄えないのであれば、協力会社を利用するなどして知見をため込むような施策も検討を行う

代表的なOSSデータベースと特徴

OSSデータベースにもさまざまなものがあります。その中でもMySQLとPostgreSQLの2つは各クラウドサービスにおいても提供されるほどメジャーなデータベースです 表8.6 。Oracle DatabaseやMicrosoft SQL Serverの移行先としてもよく候補に挙がるデータベースです。これら2種類はよく名前の挙がるデータベー

スですので、以下に概要を紹介します。

表8.6　データベースエンジン人気ランキング（2024年4月）

Rank	DBMS	Database Model	OSS
1	Oracle	Relational	
2	MySQL	Relational	✓
3	Microsoft SQL Server	Relational	
4	PostgreSQL	Relational	✓
5	MongoDB	Document	✓ ★

参考「DB-Engines Ranking」 URL https://db-engines.com/en/ranking
★ MongoDBは2018年にSSPL（*Server Side Public License*）を発表した（厳密にはOSSではない）。

■────MySQL

1995年に初版がリリースされたのち、2008年にSun Microsystems（現在のOracle）に買収され、現在はOracleが開発を行っています。2008年のSun Microsystemsによる買収直後、MySQLをフォークして作られたのがMariaDBです。

MySQLはOSSデータベースの中だと最も人気のデータベースです。非常にスケーラブルなデータベースなので、小規模なプロジェクトから大規模なデータベースアプリケーションまで、幅広いニーズに応えることができます。また、周辺ツールが充実しているので、始めやすく使いやすいデータベースです。

■────PostgreSQL

最初の実装は1986年にPOSTGRESという名前で始まっており、1989年にPOSTGRESとしては最初のバージョンをリリースしました。1996年にPostgreSQLへ改名し、PostgreSQLという名前としては1997年にPostgreSQL 6.0としてリリースされたものが最初になります。PostgreSQLはPostgreSQL GLobal Development Groupと呼ばれる開発者コミュニティによって開発されています。

PostgreSQLはMySQLと同じくRDBMSで、OSSデータベースの中ではMySQLに次いで2番めに人気のあるデータベースです。PostgreSQLはオブジェクトデータを保存することができるため、ORDBMS（*Object Relational Database Management System*）と呼ばれることもあります。スケーラビリティのあるデータベースであるため、さまざまなプロジェクトに適合します。

┃データベース移行の概要

既存のデータベースを他のOSSデータベースへの移行は簡単ではありあません。十分な計画とテストを行ってからの移行となります。ここではデータベース移行の

8 データベースコストの最適化

大まかな流れについて紹介します。

❶移行対象の選定、移行先の選定

まずは移行元となる有償データベースを特定します。特定できたら、現状利用している機能について詳しく確認しておきます。続いて、移行先候補となるデータベースの機能、コミュニティの活性度、互換性、セキュリティ等を基準に調査をし、適切なOSSを選定します。

❷評価とテスト

可能であればPoCを実施します。小規模な環境でOSSデータベースを導入し、必要な機能が満たされているか、既存システムとの互換性があるかを評価します。

❸移行計画の策定

ここからはプロジェクトとして立ち上げになります。OSSデータベースへのスムーズな移行を実現するため、詳細な計画を立てます。このタイミングで、必要なリソースやタイムラインを定義します。データベース移行の場合、オンラインで実施が難しい場合があります。そのような場合、利用ユーザーに対して早めにシステム利用ができない日時について連絡するようにします。

❹実装と移行

移行計画に基づき、実際にOSSデータベースを導入し、移行元の有償データベースからデータ移行を行います。稼働したままデータを動かそうとすると、動作確認時に正解なのか間違っているのか判断が難しくなります。データのズレが発生しないようしっかりとした事前確認を行います。

❺教育とサポート

関連するスタッフに対して、新たに導入されたOSSデータベースの使用方法やトラブルシューティングに関する教育を行います。自社だけで立ち上げが可能であれば問題ありませんが、難しい場合は外部研修や協力会社など自社外の知見を利活用して新しいOSSデータベースに対する習熟度を上げるように計画します。

帯域料金の最適化

帯域料金の最適化は、クラウドサービス内やデータセンターとクラウドサービスの間で発生するデータ転送コストを最適化し、削減する手法です。とくに、大量データを扱うシステムでは、不必要なデータ転送を減らすことで、大きなコスト削減

が期待できます。基本的なアプローチはユーザーとサーバー、データベースを同じリージョンに揃えるというものです 図8.10 。

図8.10　通信帯域の最適化

■──── 帯域料金が必要となる通信

　クラウドサービスではゾーンやリージョンを跨ったり、インターネットへ出ていく通信に対してコストがかかります。基本的には近い場所への通信料金が安く、遠くへの通信料金は高く設定されています。データベースと仮想マシンであればどこのリージョンにも展開されているため、別リージョンにデプロイされているケースはほぼあり得ないですが、コンテナを稼働させるPaaS系サービスは新しいものだと米国でしか利用できないものもあったりします。このようなケースでは、メインユーザーのアクセス元リージョン、アプリケーションが稼働するリージョン、データベースのリージョンがバラバラになってしまう場合があります。このような状態は通信帯域料金が最適化されていないので、ユーザー、アプリケーション、データベースを同一リージョンに揃えてあげることで通信帯域料金を最適化します。

■──── 通信帯域最適化による効果

　ユーザー、アプリケーション、データベースを同一リージョンにまとめ、通信帯域を最適化するとコスト削減以外にもパフォーマンス面でメリットがあります。同一リージョンにすべてが揃うので、ネットワークの物理的な距離が短くなります。結果として、システム間のレスポンス速度が速くなり、全体のパフォーマンス向上が見込めます。

■──── 帯域料金最適化の対応

　ユーザーの場所を動かすことはできないため、アプリケーションとデータベースを揃えてユーザーと同じリージョンに配置する対応になります。最初の構築時点からリージョンがバラバラにならないよう本来は注意すべきですが、どうしても新しい機能が必要であったりするとリージョンがバラバラになってしまう場合もあります。いずれ日本リージョンへ展開され、ユーザーの近くへ配置できるようになったタイミングで移行を検討します。

8 データベースコストの最適化

アプリケーションの場合、コンテナを利用していると移動させやすいですが、仮想マシンの場合は簡単に動かせない場合もあります。IaC（*Infrastructure as Code*）のようなしくみを使って誰が行っても同じ環境が再現できるようにしておくと移動がさせやすくなります。データベースの場合、停止できるかどうかによって対応が変わってきます。停止できない場合、レプリケーションのしくみを使っての移行になります。新しい移行先リージョンにリードレプリカを作成し、リアルタイムで移動させながら完全移行できたタイミングで、マスターに昇格させて、古いリージョンのデータベースを削除します。仮にデータベースを停止できる場合、無難にバックアップを取得して、新しいリージョンに再作成する方法になります。

まだ完全にクラウド移行ができていない場合、アプリケーションかデータベースのどちらか片方がオンプレミス環境で、もう片方がクラウド環境となっており、通信料金が発生しているケースもあります。このようなケースではクラウド側へすべて移行させてしまって帯域料金が抑えられるようにします。ただ、すぐにこのような対応が取れない場合も多いので、そうした場合、専用線を使って帯域料金を固定化するようにする方法もあります。

ここまでに挙げた方法も難しい場合、キャッシュを使った帯域料金の削減もあります。データベースアクセスに対するキャッシュでよくある対応方法は、インメモリデータベース（Redisなど）を利用した方法か、アプリケーション自体にキャッシュ機構を埋め込む方法です。インメモリデータベースを追加で用意する場合、パフォーマンスという点では改善が期待できますが、追加データベース分のコストが新たにかかってしまうので、コストという観点から言うと、アプリケーション自体にキャッシュ機構を埋め込む方法が適切です。なお、このローカルキャッシュという方法もコストとパフォーマンスという点でメリットはありますが、冗長化構成にした場合にローカルキャッシュがサーバーを冪等でない状態とするため、不整合が起こる可能性を含んでいる点に留意が必要です。

DBストレージの設計

DBストレージの設計において考慮すべきポイントはコストとパフォーマンスで、これら2観点に影響を及ぼす変更可能なパラメーターはストレージタイプとストレージサイズの2点です。ストレージの設計をする際は、ストレージタイプやサイズがどのようにコストやパフォーマンスに影響するのかを理解し、適切に設計することが大切です。

■──── ストレージタイプの設計

AWSとGoogle CloudのPaaS系データベースではストレージタイプが選択できます 表8.7 。ストレージタイプはそのままI/O速度に直結しますし、コストにも影響

リアーキテクト | **8.5**

します。I/O速度が速いものはコストも高く設定されています。開発環境のように速度が必要ない場合、安いストレージタイプを選択します。本番環境の場合、性能テストなどで問題ないことが確認できていれば安いストレージタイプを選択します。パフォーマンスに直結する選択肢であるため、本番環境で安いモデルを使って良いかは慎重に判断します。

表8.7 ストレージタイプ

クラウドサービス	データベースサービス	ストレージタイプ
Amazon Web Services（AWS）	RDS	汎用SSD プロビジョンドIOPS SSD マグネティック
Google Cloud	Cloud SQL	HDD SSD

参考 • Amazon RDS DBインスタンスストレージ（AWS）
　　 URL https://docs.aws.amazon.com/ja_jp/AmazonRDS/latest/UserGuide/CHAP_Storage.html
　　• Cloud SQLの料金（Google Cloud）
　　 URL https://cloud.google.com/sql/pricing

■──── **ストレージサイズの設計**

　DBのストレージサイズ設計におけるポイントは、最初小さく設計して需要に合わせて拡大していく設計にする、という点です。仮想マシンのストレージと同じで、ストレージを増やすことは簡単にできますが、減らすことはサポートされません。将来どれくらい増えるか読めないため大きく設計したくなりますが、減らすことができないことを考慮して初期サイズを設計するようにします。

　幸いにも、データベースのストレージ設定に自動拡張の機能があります。この機能を有効化すると、残り容量が少なくなったタイミングで自動的に容量を拡張してくれます。該当機能がある場合、ストレージをある程度小さく設計し、自動拡張機能を有効化するのも手段の1つです。

　残念ながら、最初に大きく設計してしまっている場合、あとから直すことはできないので、本節で紹介する設計手法（最初小さく設計して自動拡張を有効化する方法）については今後の開発に活かしていただければと思います。

▍IaaSデータベースの利用

　IaaSデータベースの利用は、クラウドインフラストラクチャ上に仮想マシン（IaaS）を構築し、その環境にデータベースをインストールして利用するアプローチです 図8.11 。

215

8 データベースコストの最適化

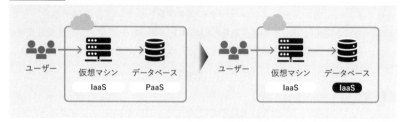

図8.11 IaaSデータベースへ変更

　PaaSデータベースに比べ、IaaSデータベースはコスト的に安くできる可能性があります。PaaSは標準でさまざまな機能が付いているため、その分メンテナンスや運用面で楽ができますが、そうした機能分がコストとして加算されています。一方、IaaSの場合、マシンの構成から保守運用に至るまで細かく調整ができるため、そもそもPaaSデータベースより安くできます。加えて、IaaSはクラウドでも利用が多いサービスなので割引プランの適用など、価格を安くする手法が多くあります。ただし、IaaSを活用する場合、PaaSと比べて保守運用のかなりの部分を自社で実施することとなるので、見えないコストが存在することに注意が必要です。

IaaSデータベース利用時の注意点

　IaaSデータベースはコストを抑えられる反面、自社で保守運用を検討する必要があります。よくある注意点としては以下のようなものがあります。

■──── 冗長性

　通常はデータベースにアクセスできなくなるとシステム全体が動かなくなり、ユーザーが利用できなくなるので冗長化を検討します。IaaSで冗長構成を構築する場合、DBを複数台準備し、1台は読み書きできるようにし、残りをリードレプリカにするような構成を考えます。本当にコストを削減したい場合、1台構成も考えられますが、その場合、仮想マシンに対してクラウドサービスが設定するSLAについて十分な理解が必要で、一定の停止が発生する可能性があることを許容する必要があります。

■──── 可用性

　データベースに保管されるデータは競争力の源泉にもなるため、基本的に失うことが許されません。外部からの攻撃やアプリケーションの不具合、運用手順の間違いなどでデータは簡単に消えてしまいます。そうした事態が発生しても元に戻せるよう、バックアップを定期的に作成します。コストを削減する場合、こうしたバッ

リアーキテクト **8.5**

クアップも削減対象にされますが、その分、復帰できなくなる可能性があることを許容する必要があります。

■───── **セキュリティ**

　仮想マシン自体の脆弱性パッチや、データベースミドルウェアに対する脆弱性パッチ、マルウェア対策などセキュリティに対する対策も自分たちで検討、導入が必要です。こうした対策を必要に応じて削減することは可能ですが、その分、リスクが大きくなる点については許容する必要があります。

Column

コスト削減施策の優先順位　データベースコスト編

　本章で紹介したデータベースのコスト削減施策には以下のようなものがありました。

❶**リソース削除**
- 不要データベースの削除
- データベース内の不要データ削除

❷**リソース最適化**
- バックアップの見直し
- レプリケーションの見直し
- スペックダウン

❸**価格見直し**
- 予約購入
- 持ち込みライセンス(BYOL)

❹**リアーキテクト**
- バイナリデータの吐き出し
- ライセンスコスト削減(OOS移行)
- 帯域両機のの最適化
- ストレージの最適化
- IaaSデータベースの利用

　以下では「横断組織」と「各プロジェクトチーム」でどのような優先順でコスト削減施策を適用していくのか、その考え方の例を紹介します。

横断組織の場合

　データベースのコスト削減はストレージに比べるとかなり難易度が上がります。データは昨今の事業環境において競争力の源泉となっていることが多く、失うことができない、また、データを扱うリソースを止めることも難しいものです。横断組織では停止を伴う変更や意図しない損失リスクのある操作は避けたい施策になります。

　▶**各プロジェクトへの提案**

　　各プロジェクトに対してコスト削減を提案したい場合、クラウドサービスが提供する推奨事項[a]を情報源に提案する方法があります。クラウドサービスが提供す

★a　6.2節を参照。

217

8 データベースコストの最適化

る推奨ツールに表示される内容は一定期間の利用状況を元にスペックの見直しを提案しているため、プロジェクト側にとっては見直しの良い機会となり得ます。

横断組織として実施できること

一方、横断組織の立場で可能なことは価格見直しに関する施策が主体になります。まずは持ち込みライセンス（BYOL）についての検討です。会社横断で準備しているライセンスがプロジェクトを跨って使いまわせる状況（たとえば、会社全体でデータベースのライセンスを一括購入して各プロジェクトに頒布しているようなケース）にあれば、持ち込みライセンスが適用できるようライセンスの融通を考えます。ただ、この手法を使えるのは、横断組織として持ち込みライセンスを利用したい場合にライセンスの取得を一元化しているような組織が前提となります。最初からこのような状況を想定して組織化できていることは少ないかと思いますので、実際は実現が難しい手法になるかと思います。

▶最後の仕上げ

前述までの各プロジェクトへの提案や横断組織としての施策実施などを行えばある程度のコスト最適化が見えてきます。ここまで仕上がったら、最後に予約購入を検討します。複数プロジェクトを跨って予約購入が適用できそうであれば、横断組織として予約購入の手配を検討します。

各プロジェクトチームの場合

プロジェクトメンバーが対応できるコスト削減手法は基本的に本章で紹介した内容すべてです。実際にはできるできないや適用順序があります。現在稼働中のシステムに対して適用する前提での考え方を紹介します。

▶①不要（リソース削除）

まず検討したいのが、リソース削除系の施策です。データベースの削除は誤削除のリスクがあるので慎重にならざるを得ません。とはいえ、消さないとコストはかかるので必要があります。データベースを消せるのはシステム運用に精通した人でしかないため、基本的にプロジェクトチームメンバーでない限り対応が難しい施策になります。

▶②リソース最適化

不要なリソース削除ができたら、次に見直すのがリソースの最適化です。レプリケーションデータベースに関しては、常時一定のアクセスが存在しており、存在価値があるのであれば問題ありませんが、アクセス数もアクセス頻度も少ない場合、サービス提供の価値発揮ができていない可能性があるため、閉鎖を検討します。バックアップに関する見直しは他のリソース（コンピュートやストレージなど）との整合性があるため、一概に見直し内容を適用できるかは難しい判断となるケースがあります。不測の事態にどれくらいの早さで復帰したいかの定義によってバックアップデータ量は変わります。

▶③リアーキテクト

次に考えたいのがリアーキテクトに関する施策です。ポイントは実際にリアーキテクトを実施・適用するというわけではなく、何ができるのか想像することです。おそらくほとんどのケースでリアーキテクトまで行ってコスト削減を求められるケースは少ないかと思います。大切なのは、将来的にリアーキテクトに挙げたような

施策が行われる可能性がどの程度ありそうか、考えておくことです。このタイミングである程度考えておくと、最後の価格見直しの施策検討にある程度の将来補正を考慮した価格見直しができるので、役に立ちます。

▶ ④最後に価格見直し

その後、最後に行うのがライセンス持ち込み（BYOL）や予約購入といったサービスの利用です。すでにプロジェクトでオンプレミス環境用のライセンスを持っており、クラウド側へ転用可能な余りライセンスがあるのであれば、ライセンス持ち込み（BYOL）が検討できます。予約購入はライセンス持ち込みに加えて適用できるので、適用が検討できるのであれば併せて検討します。

▶ ⑤その他施策の実施タイミング

いったん、通常のケースで対応できるのは価格見直しまでです。最後のリアーキテクトは長期的な施策として実施するためのコストと実施タイミングを考えながら適用することになります。

8.6

まとめ

本章では、クラウド環境で利用するデータベースのコスト管理と最適化の具体的な手法について詳細に解説しました。

まず、不要なリソースの削除によるコスト削減の方法について取り上げました。とくに、使用されていないリソースや冗長なレプリケーション設定を見直し、リソースの最適化を図ることが有効です。従量課金が基本となるクラウドサービスにおいて、不要なものを消して最適化するという作業は単純でありながらコスト最適化では基本となる作業です。

また、定期的な価格見直しや価格プランの再評価が、長期的なコスト削減に寄与することも解説しました。価格プランの見直しは簡単な手法であるため安易に取り組みたくなりますが、不要なリソース削除やリソース最適化が終わってから適用することが大切です。

リアーキテクトの各種手法についても触れました。リアーキテクトで紹介した手法はシステム改修を伴う可能性が高い手法です。場合によっては改修コストが高くなってしまう可能性も考えられます。このような場合には修正コストと将来得られる削減コストとのバランスを考えることが大切です。改修コストがかかりすぎて削減コストによる恩恵が十分得られないのであれば、実施しないのも判断です。ただし、初期開発のような改修コストが別の状況で相殺できるような場合には、最初から考慮しておくとコスト最適化につながる内容にはなります。手法としてはぜひ覚えて、適切なタイミングを見極めて使用できれば高い効果が期待できるでしょう。

9章

運用コストの最適化

　クラウド環境の運用監視ではログ保管ストレージやアラート、ダッシュボードなどいくつかのサービスを利用します。なかでも運用においてよく問題になるのはログ保管に利用するストレージです。本章では、運用で必要となるさまざまなコストを最適化するための具体的な方法について詳述していきます。まず、さまざまなログの種類とそれぞれの特徴、用途について解説し、適切なログの収集と保管方法について紹介します。続いて、運用管理に関わるさまざまな不要リソースの削除や、ログ保管ストレージの効率化について説明します。ログ保管ストレージの効率化には、リソースの見直し方法や削除の注意点、ライフサイクル管理が含まれます。さらに、監査ログと運用ログの分離の重要性と、その効率的な管理手法についても触れていきます。

9.1

運用で必要となるリソース

　クラウド環境の運用では、ログ保管ストレージやアラート、ダッシュボードなどさまざまなリソースを利用します。本節では、これらの運用に必要なリソースに加え、ログの管理方法ついて詳しく解説します。

■ ログの種類と違い

　一般的に呼ばれる「ログ」にはいくつも種類があります。本節ではその違いについていろいろな角度から紹介していきます。

■——— ログとメトリック

　システムの健全性やパフォーマンスの状況を理解し、問題が発生した際に迅速に対応できるようにするためには、適切なデータの収集と分析が必要不可欠です。とくに、ログとメトリックは、システムやアプリケーションの状態を把握するための

9.1 運用で必要となるリソース

重要な情報である2種類です 図9.1 。本節では、ログ 画面9.1 とメトリック 画面9.2 がそれぞれどのような情報で、どのように活用されるのかを解説していきます。

図9.1 ログとメトリックのイメージ

画面9.1 ログの例（Google Cloud）

画面9.2 メトリックの例（Google Cloud）

9 運用コストの最適化

　一般的にログと呼ばれるものは、特定のイベントやエラーなどが発生したときにその時点の状況をテキスト形式で記録したものを指します。ログはテキストデータで、システムやアプリケーションで起こっている動作の詳細な状況や、発生している事象について記述されています。こうしたテキストデータはシステムやアプリケーションに発生した何かしらのトラブルの原因分析に利用されます。

　一方、メトリックは、システムやアプリケーションの定量的な数値データを時系列に記録したものです。たとえば、CPU使用率、メモリ使用量、応答時間などといった値が該当します。通常、こうした時系列データは、システムが利用するハードウェアが健全に動作しているかを監視するために利用されます。クラウドはハードウェアを必要に応じて追加・削除できる便利なしくみを持っていますが、急に追加・削除を行えるわけでもありません。メトリックを監視してハードウェアが提供するリソースの限界に近づいたら自動でスケールアウトするようなしくみを入れていきます。

　クラウドにおいて、メトリックは自動で主要な値を取得するようになっていますが、ログはさまざまな形式をとるため、取得するための設定が必要となります。ログにしてもメトリックにしても大量に収集したり長期間保管しようとするとコストがかかってきます。用途や性質によって収集内容や保管期間が変わるので、まとめて考えるのではなくある程度分解して適切に管理していくとコスト最適化にもつながります。

■――― アプリケーションログとシステムログ

　システム稼働させているとさまざまな情報が吐き出されています。障害分析では出力されるログのそれぞれの違いについて理解したうえで収集、分析できる状況にしておかないと、いざ問題が発生した際に原因特定できない場合があります。本節で紹介するアプリケーションログとシステムログも出力内容や分析できることが違います **図9.2** 。以下ではそれぞれの違いについて解説していきます。

図9.2 アプリケーションログとシステムログ

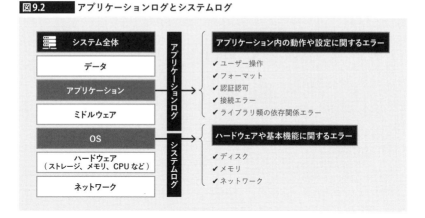

　アプリケーションログは、作成したアプリケーションが実行中に記録する情報で、ユーザー操作、フォーマット、認証認可エラー、接続エラー、ライブラリ類の依存関係エラーなどを含みます。こうした情報があると、開発者はアプリケーションの挙動を追跡し、ユーザーの操作履歴やそれに伴う不具合の原因を分析、特定ができます。

　対して、システムログはオペレーティングシステムやサーバー自体によって生成されるログで、システムの起動、実行中のプロセス、システムエラーなどの情報が記録されます。基本的にはハードウェアやプロセスに関する情報で、アプリケーションログとは質の異なるログになります。こうした情報を使うと、システム管理者はハードウェアの問題やOSレベルのエラーについて診断することができます。

■────　**監査ログと運用ログ**

　システム運用しているとどうしてもアプリケーション自体が正常に稼働しているかということに着目しがちですが、システム構成の変更が適切に運用されているか確認する監査という業務についても気にかける必要があります。監査ログと運用ログは、それぞれ異なる目的を持ちながらも、システムの安全性や信頼性を支える重要な情報です **図9.3** 。本節では、監査ログと運用ログがどのような特性や用途を持つのかについて詳しく説明していきます。

9 運用コストの最適化

図9.3 監査ログと運用ログ

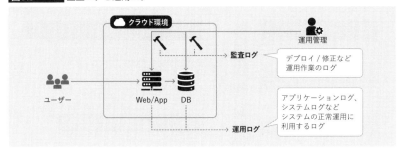

監査ログは、ログの中でもクラウド上でのリソース操作イベントや、ログイン・ログアウトといったセキュリティ関連のイベントを記録するデータです。こうした情報には、不正アクセスの試行、マルウェア活動の警告、データ改竄の記録などが含まれ、セキュリティ監査やインシデント対応の際に重要な情報となります。

運用ログは、システムの運用に関連する日常的な活動・操作を記録したデータです。運用ログにはシステムバックアップのスケジュールと実行、ネットワークの状態、サービスの起動と停止のログが含まれ、運用の効率化と問題解決に役立ちます。

監査ログと運用ログでは求められる保管期間の長さに違いがある場合があります。とくに監査ログに関しては業界によって法律による定めがある場合もあります。こうしたケースでは、法律で定められた期間以上の期間、保管しておく必要があります。

ログデータの保管期間

ログデータの保管期間は、その種類や用途、さらには法規制や組織のポリシーによって異なります。以下では、一般的なログの保管期間とその理由について解説していきます。

■── 法規制に基づく保管期間

監査ログやアプリケーションログといった特定の種類のログデータは法律で定められた最低期間保持することが義務付けられています 表9.1 。たとえば、刑事訴訟法やサイバー犯罪に関する条約、PCI DSS（クレジットカード情報を扱うすべての企業が安全な環境を維持することを目的としたセキュリティ基準）などです。これらの法規制は、通常、セキュリティログやトランザクションログの保管期間を明確に定めており、一般的には最大7年程度の保管が求められます。

運用で必要となるリソース **9.1**

| 表9.1 | ログ保存期間の目安 |

保存期間	法令・ガイドライン等
1ヶ月	刑事訴訟法 第百九十七条 ③「その業務上記録している電気通信の送信元、送信先、通信日時その他の通信履歴の電磁的記録のうち必要なものを特定し、**三十日** を超えない期間を定めて、これを消去しないよう、書面で求めることができる。」
3ヶ月	サイバー犯罪に関する条約 第十六条 2「必要な期間（**九十日** を限度とする。）、当該コンピュータ・データの完全性を保全し及び維持することを当該者に義務付ける」
1年間	PCI DSS(v4.0 要件10.5)「監査証跡の履歴を少なくとも **1年間** 保持する。少なくとも 3ヶ月はすぐに分析できる状態にしておく」
3年間	不正アクセス禁止法の時効
5年間	内部統制関連文書、有価証券報告書とその付属文書の保存期間に合わせて電子計算機損壊等業務妨害罪の時効
7年間	電子計算機使用詐欺罪の時効 詐欺罪の時効 窃盗罪の時効

参考 企業における情報システムのログ管理に関する実態調査（p.64, ログ保存期間の目安）
URL https://warp.da.ndl.go.jp/info:ndljp/pid/12446699/www.ipa.go.jp/files/000052999.pdf

■——— 運用上の要件に基づく保管期間

運用ログやシステムログの保管期間は、おもにそのシステムの監査とトラブルシューティングのニーズに基づいて設定されます。たとえば、システムの性能分析や過去の障害の調査に必要な情報を含むため、通常、数週間から数ヵ月に設定されます。ただし、これらのログがとくに重要なシステムイベントや変更の記録を含む場合、より長期間の保管が求められる場合もあります。

■——— メトリックの保管期間

メトリックは基本的にリアルタイムでのモニタリングで使われるものであり、長くても数ヵ月程度保管とされるのが通常です。たとえばストレージの増加具合を長期間の運用傾向から検出したいといったように、運用要件として長期間保管が必要なものだけ残すようにします。また、長期間保存する場合も取得したままの数分単位の細かな粒度ですべて保管するのではなく、数時間単位や1日単位といったように粒度を落として保管するようにします。

ログ・メトリックの収集で利用できるサービス

各クラウドサービスはシステムの運用監視をサポートするためにさまざまな監視サービスを提供しています **表9.2** 。

いずれのクラウドも監査（クラウドへのログイン・ログアウトや、クラウド上のリソースに対する操作履歴）、運用ログ（アプリケーションログやシステムログ）、メト

9 運用コストの最適化

リックを保管できるようになっています 画面9.3 ～ 画面9.5 。

表9.2　モニタリングサービス

クラウドサービス	モニタリングサービス
Amazon Web Services（AWS）	CloudTrail CloudWatch CloudWatch Logs
Microsoft Azure	アクティビティログ Application Insights Azure Monitor（メトリック・ログ）
Google Cloud	Cloud Audit Logs Cloud Monitoring Cloud Logging

画面9.3　AWS Cloud Watch

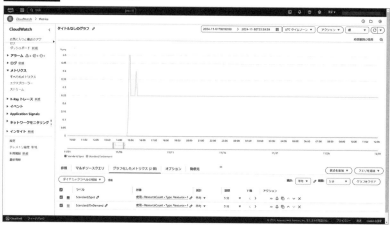

画面9.4　Azure Monitor

運用で必要となるリソース **9.1**

画面9.5 Google Cloud Monitoring

　各クラウドサービスが提供するモニタリングサービスは基本的に保管したいデータ量に応じた従量課金での請求になっています。サービスによって課金される箇所は異なりますが、ログ周りの課金ポイントはおおよそ以下の3ヵ所となっています。

- **インジェスト**
  データ投入時に発生する、データ従量に応じた課金。はじめて投入された時のみ課金されるもので、一度課金されて保管されれば二度め以降に発生することはない
- **リテンション**
  ログデータ投入されたデータを長期保管する場合に発生する課金。日当たりや時間あたりで容量いくら、といった料金設定になっている
- **ログ検索**
  ログに対する検索処理を実行する度に課金されるもの。よくあるケースだと、アーカイブのような長期保管ストレージに移動させたログデータに対する検索処理で課金されることがある

　いずれの課金ポイントも扱うログデータ容量に従った従量課金となっています。ログは不安になるのでいろいろと保管したくなる気持ちはありますが、必要なものに絞って保管するように対応するのがコスト最適化の観点では基本的な考え方です。

227

9 運用コストの最適化

9.2 リソースの削除

どのようなリソースでも同じですが、不要リソースの削除はコスト最適化において最初に取り組むべきことです。ログ保管ストレージやアラート、ダッシュボードの適切な削除方法と注意点について本節では解説していきます。

運用管理に関わる不要リソースの削除

これまで他のリソース最適化でも紹介してきたとおり、何よりも真っ先に行う対策が不要なリソースの削除です。これはログ保管ストレージだけでなく、関連するアラートやダッシュボードも含みます。開発や検証、テストで作成したログ保管ストレージ、アラート、ダッシュボードの消し忘れを削除することで、無駄な支出を減らし、コスト最適化が狙えます。

対象の探し方

運用に関わるリソースで削除対象として挙がってくるリソースの種類として以下のようなものがあります 図9.4 。

- ログ保管ストレージ
- アラート
- ダッシュボード

図9.4　モニタリングサービスに含まれる機能

こうしたリソースを削除するかどうかを決定するためには、まずこれらリソースの利用頻度、削除した場合のビジネス影響度を評価する必要があります。

リソースの削除 **9.2**

　最初に利用する判断基準は名前です。リソースに付けられた名前から判断する方法はもっとも簡単な方法です。タグを適切に運用できているのであればタグを使う方法もあります。

　名前で判断できない場合、時間経過でどのようにログ量やアラート発報数、ダッシュボードアクセス数が変化しているか確認することになります。ただ、実際は環境ごと消し忘れている場合、一定でログが増えていたりアラート発報自体は行われていたりすることになるので、名前や利用状況などから総合的に判断することになります。

削除時の注意事項

　削除対象が見つかればさっそく削除、といきたいところですが、ログの削除には慎重にならざるを得ない部分があります。たとえば、業界ルールや法的要件などで一定期間消せないケースです。以下はとくに運用ログについて、削除する際の注意点を紹介します。

■——— バックアップ

　法的要件で完全に消せない場合、より安いストレージへ移動させてからログ保管ストレージを削除することになります。リソースに含まれる重要なログデータを安全にバックアップしてから削除する方法はコスト最適化手法の1つです。アプリケーションによっては自動でより安いストレージへログを移動させているケースもあります。障害対応環境やテスト環境といった環境ごと不要なためにログも含めて削除するような場合、バックアップ先がないか注意が必要です。ログ保管ストレージを削除する際に関連するストレージ内のログを整理する必要がないか、担当者にヒアリングしたり、設計書を紐解いて確認するというのもポイントになります。

■——— セキュリティ・コンプライアンス

　リソースを削除する際は、セキュリティポリシーやコンプライアンスなどの規制要件を遵守することも必要です。稀にログの中に個人情報や機密データを含んでいることがあります。こうしたログの扱いには細心の注意を払い、消す際には確実に消し去る必要があります。

ログ保管ストレージの中身の削除

　ログは何が起こるか不安なので、取れるものは全部取りたいという気持ちになりがちですが、目的から考えて適切な種類に絞ることがコスト最適化の手法になりま

229

9 運用コストの最適化

す。本節では、ログ保管ストレージのリソース自体は保持しつつ、その中に保管される不要なログデータを削減することで、ストレージの利用効率を高め、コスト最適化を狙う方法を紹介します。

削減対象の探し方

ログ保管ストレージに保管するログ量は種類×頻度×保管期間で決まってきます。ここでは、ログとメトリックそれぞれについて削減方法としてインジェストとリテンションについて紹介していきます 図9.5 。

図9.5　ログ量の調整と、インジェスト＆リテンション

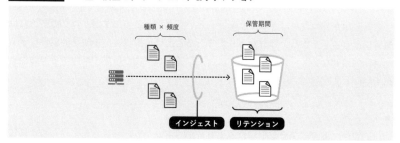

ログの場合

まずはテキストで保存されるログについてみていきましょう。通常、ログはデータ投入に相当する「インジェスト」と、保管期間に相当する「リテンション」の2つの観点について考えます。以下ではそれぞれの観点について見直しポイントを紹介していきます。

■ インジェスト

インジェスト部分においては、ログの種類が見直しポイントになります。よくある調整方法は、環境に応じて出力するログレベルを変える方法です。ログレベルとはシステムやアプリケーション内で発生している事象の内容によってレベル分けしたもので、fatal, error, warn, debugといったカテゴリがあります 表9.3 。

たとえば、開発環境であれば不具合修正もあるためdebug, info, warn, error, fatalとすべて出力する必要性があるかもしれません。一方で、本番環境は正常動作することが前提となるアプリケーションであるため、少なからずdebugといった細かな情報は不要です。info, warnについてはシステムの性質による部分があるため、不要と判断できる場合は出さないようにします。

リソースの削除 **9.2**

表9.3		ログレベル
ログレベル	概要	説明
fatal	致命的エラー	システム停止し、ユーザー影響が発生するレベル
error	予期しない エラー	システムが適切にデータ処理できず、一部のユーザーで問題が起こるレベル
warn	警告	通常動作を続けることが現時点では可能ですが、将来的に問題が発生する可能性がある
info	情報	システム開始・終了などシステム稼働状況に関する何かしらの情報
debug	デバッグ	開発で利用できるシステム稼働状況を詳細に説明したデバッグ情報

■―――リテンション

ログのリテンションに関しては保管期間に関する見直しになります。ここでは、まずログを分類する必要があります。クラウドに対するログイン・ログアウトやクラウド上のリソース操作といった、いわゆる監査ログに関しては長期保管が必要です。保管期間は扱うシステムの法的要件を確認して適切に設定していきます。一方でシステムエラーやアプリケーションエラーのような運用ログは将来的なシステム改善で使う用途くらいなので、必要なものだけ残して数ヵ月程度で消してしまっても問題ないでしょう。保管期間の見直しポイントは、ログを分類してそれぞれにあった期間に設定する、という点になります。

もし長期保管が必要な場合、クエリ検索が必要なのか、そうではないのか、といった観点でログを見直します。すぐにクエリ検索が必要ないのであれば、アーカイブ用途のストレージに移動させることで、よりコストを抑えることが可能になります。

┃メトリックの場合

続いてメトリックについてみていきましょう。メトリックもログと同じでインジェストとリテンションの2観点で紹介していきます。

■―――インジェスト

メトリックのインジェストの場合、取得するメトリックの種類と頻度の両方を見直す必要があります。仮想マシンのメトリックは取得しようとすると多数のメトリックを取得できます。ただ、実際にアラートやダッシュボードでの利用はそのうちの数えるほどのメトリックしか使っていません。使われていない、取得目的がないメトリックに関しては除外して取得しないようにします。CPUやメモリ、DBコネクションのような値は1分間隔で取得したいかもしれません。ただ、1分間隔で取得したデータを保管期間いっぱい同じ粒度で補完しておく必要があるかは考えてみる

231

必要があります。ディスク使用率のように長期保管するメトリックが1分間隔で何年も必要かというとそうではありません。1日や1週間など、粒度を荒くしてデータ量を削減するようにします。

■——— リテンション

メトリックの長期保管については、まず必要なものだけに絞り込みます。そのうえで直近で検索が必要かどうか判断を行う必要があります。もし直近でのメトリックの検索が必要なければ、該当データはアーカイブへ移動させるようにします。検索が必要である場合、アーカイブへ移動はできないので現状のまま保持して、ある程度期間があいたのちに再度見直しを行っていきます。

削減の進め方

ログの見直しでは、インジェストとリテンション、種類×頻度×保存期間といった観点で見直しが必要と紹介しました。これらを見直す際、すべて並行して一気に見直すのではなく、以下のような順に見直すと関係システムや関係者に対して影響を出しにくくできます。

❶リテンション（保存期間）の見直し
❷インジェスト（種類や頻度）の見直し

前述の順で進めると、運用やアプリケーションの影響を少なくできます。たとえば、リテンションを見直す場合、保存期間の見直しだけであるため、取得されるログ・メトリックの種類や頻度が変わるわけではありません。つまり、システム運用の内容を大きく変える必要がなくなります。また、アプリケーションの観点からも、インジェストが変わらないためログ・メトリックの出力設定を見直す必要がありません。運用とアプリケーションの2観点からみて変更しなくて済む、またはあったとしても軽微で済ませられるので、まずはリテンション（保存期間）の見直しから行うのがお勧めです。

保存期間の見直しだけで十分なコスト削減が見込めない場合、もう1つのインジェスト（種類や頻度）に関して見直しを行います。これらを修正する場合、運用面だとアラート設定の見直しが必要になりますし、アプリケーションとしてもログを出力しないように見直しが発生してきます。場合によっては設定見直しでシステムを一時的に止める必要も出てくる可能性があるので、実施する際は一度で終わらせられるよう十分な計画とテストを行っておく必要があります。

9.3
リソース最適化

運用ログ保管ストレージの利用効率を最適化するためには、ライフサイクル管理が欠かせません。ティアの変更や古いログの削除によるコスト削減手法について紹介します。

ライフサイクル管理

ログ保管ストレージリソースの利用効率を最適化するにはライフサイクル管理を適切に実装・運用していく必要があります。ライフサイクル管理でポイントとなるのはダウングレードと削除の2観点をどのように設計・実装するかです。

■ 古いログのダウングレード

ログ保管ストレージの中で検索が必要なくなったログはより安価なストレージへ移動させてコスト削減を図っていきます。

実現手段

一般的に良く行われる対応方法は、ログ保管ストレージ内で一定期間がすぎたデータをオブジェクトストレージ（アーカイブ）へ移動させる、という方法です 図9.6 。ログ保管ストレージはオブジェクトストレージ（アーカイブ）より高い値段設定になっているため、検索する必要がなくなった古い不要なログはオブジェクトストレージへ移動させます。基本的な設計思想はどのクラウドも同じようなものになりますが、利用するサービスや適用方法がクラウドによって異なるため、実際に実装する際には注意が必要です 表9.4 。

図9.6　ログのダウングレード構成イメージ

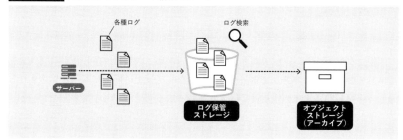

9 運用コストの最適化

| 表9.4 | 各クラウドにおけるログ出力の構成例 |

クラウドサービス	ログ保管ストレージ	ログ転送の 構成・設定	オブジェクト ストレージ
Amazon Web Services (AWS)	CloudTrail	CloudTrail の「証跡」	S3
Amazon Web Services (AWS)	CloudWatch Logs	Amazon Data Firehose (旧 Kinesis Data Firehose)	S3
Microsoft Azure	アクティビティログ	アクティビティログ の「診断設定」	Blob Storage
Microsoft Azure	Azure Monitor	Log Analytics ワークスペース の 「データエクスポート」	Blob Storage
Google Cloud	Cloud Audit Logs	Cloud Logging の ログルーター 「シンク」	Cloud Storage
Google Cloud	Cloud Logging	Cloud Logging の ログルーター 「シンク」	Cloud Storage

実装時の注意点

　古いログをオブジェクトストレージへ出力する際、セキュリティに関して注意が
必要です。出力されるログによっては個人情報や機密情報を含んでいる場合があり
ます。長期保管用にログ出力したオブジェクトストレージに対するアクセス権は必
要ない人が閲覧できないよう適切に設定する必要があります。これを忘れてしまう
と、思わぬ情報漏洩につながる危険があります。

■———古いログの削除

　オブジェクトストレージに転送されたログはオブジェクトストレージに付属する
ライフサイクル管理を使って管理する方法が簡単です。業界ルールや法規制に則り、
不要となったログは指定した期間以降に削除するよう、ライフサイクル管理を設定
します。

9.4
価格見直し

　運用ログ保管ストレージもストレージであるため、利用量に応じた割引プランを
提供しているケースがあります。一定の容量を一定以上の期間で利用が見込まれる
場合、価格レベルを見直すことでコスト削減できる可能性があります。

234

価格レベルの見直し

執筆時点ではAzureのみとなりますが、ログ用ストレージもストレージの一種であるため、一定量利用することを約束することによる割引を提供されています 画面9.6 。システム運用を続ける中で、常に一定以上の利用が見込まれる場合、利用量を約束することによる割引を適用し、コスト削減を図ることができます。

この割引を適切に受けようとすると、ある程度のログ集約が前提となってきます。環境ごとにログ用ストレージを分割する構成も考えられますが、タグによる分析ができるようにし、できるだけ集約する設計にするなど、システム設計時点で考慮しておきます。

画面9.6　価格レベルの選択画面例（Azure）

9.5 リアーキテクト

監査ログと運用ログの適切な分離は、長期保管のコスト削減につながる重要な考え方です。効率的なログ管理とログの分類方法について解説します。

監査ログと運用ログの分離

監査ログと運用ログの適切な分離はコスト管理の観点から非常に重要です 図9.7 。
監査ログは法的要件や業界の要件で長期保管が求められる一方、アプリケーションの動作情報に関しては障害対応における利用であるためシステムごとに適切な長さを検討できます。とくに注意したいのが、こうしたログを長期保管したいとき利用するアーカイブ用途のオブジェクトストレージです。何も考えず一律長期保管してしまうことも可能ですが、コストに影響してきます。適切な分類を行って長期保管が必要なものだけ長期で保管し、それ以外は不要になったタイミングで消すようにすることで、コスト最適化が目指せます。

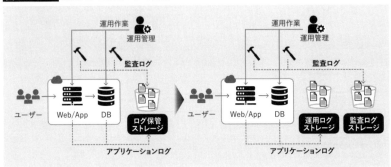

図9.7 監査ログと運用ログの分離

■──── 長期保管ログをまとめる弊害

何も計画せずなんとなくでログ保管してしまうと、デフォルトでは各種ログ保管側のデフォルト設定に従った上限期間まで取得され、それ以上は破棄されます。デフォルト設定期間で破棄されると困る場合、オブジェクトストレージなどへ出力して長期保管できるような構成を考えます。ただ、この長期保管用でのオブジェクトストレージの取り扱いも気をつけないと、ログデータの量がすぐに膨大になってしまいます。

リアーキテクト **9.5**

そうなってしまうと、その保管と管理には相応のコストがかかってきます。

■──── 監査ログと運用ログは要件が異なる

　監査ログは法規制やポリシーに従い長期間保存する必要がありますが、運用ログは短期間の保管でよく、ローテーションや削除が可能で、ストレージコストを削減できます。こうした状況でコスト最適化を実現するためには、監査ログと運用ログの保管先ストレージを分離させる必要があります。2種類のログ保管ストレージを分離することで、保管期間にあわせたストレージSKU（価格レベル）を選択できるようになり、全体のコスト効率を向上できます。

■──── 対象の探し方

　本手法は長期保管する必要があるものとないものをきちんと分離するというものです。対象として探すべき対象は、長期保管に使っているオブジェクトストレージになります。長期保管用のオブジェクトストレージに対してどこから保管されているかを探し、投入元のログを分類、分離していく対応になります。

　理想は新規にシステム構築してログ保管が始まるタイミングから正しく整理、分離できていることが望ましいですが、なかなかうまくいかないケースもあります。すでに長期保管に不要なものが混ざってしまっている場合、既存で長期保管にされてしまった中から不要なものを削除するべきかは検討が必要です。オブジェクトストレージをアーカイブとして使っている場合、アーカイブから取り出したり消したりといった操作は通常のオブジェクトストレージより高くつきます。安易に操作する前にいったん検討を行い、過去分はあきらめるという選択肢も考えます。基本的には過去に保存された余計なデータよりも、今後保存される余計なデータが減らせるようにしていきます。

237

9 運用コストの最適化

Column

コスト削減施策の優先順位　運用コスト編

本章で紹介した運用ログのコスト削減施策には以下のようなものがありました。

- リソース削除
  - 不要な運用管理に関連するリソースの削除（ログ、アラート、ダッシュボード）
  - ログ保管ストレージの整理
- リソース最適化
  - ティア変更（ライフサイクル管理）
- 価格見直し
  - 価格レベルの見直し
- リアーキテクト
  - 監査ログと運用ログの分離

以下では「横断組織」と「各プロジェクトチーム」でどのような優先順でコスト削減施策を適用していくのか、その考え方の例を紹介します。

横断組織の場合

横断組織の場合、2つの観点があります。

- **横断組織の仕事として監視している社員の各種履歴の削減**
- **横断組織として横断的に保管している各プロジェクトのログの削減**

横断組織としてよくあるのが、組織として全社員のログイン履歴や操作履歴などの監視業務です。こうしたログは集めると膨大な量となるため、削減を検討したいところです。横断組織として扱っている社員に関するログは基本的に横断組織が主体として持っているリソースとなるため、削減施策はどのようなものでも調整して適用が可能です。

- ■ 不要データ削除

  最初に検討するのは不要なデータの削除です。横断組織であるからこそ、相当数のデータが毎時や毎日積み上がっていきます。使っていないストレージがあれば当然消しますが、使っているものでも、書き込まれるデータ量を見直して少しでも不要なログ上の項目を減らせられればコスト削減が見えてきます。

- ■ ライフサイクル管理

  続いて行うのがライフサイクル管理の設定です。不要なデータ削除が終わっているのであれば、残っているデータは消せないデータです。ライフサイクル管理設定を行うことで、コストの最適化を目指します。クラウドによって適用できるのであれば、価格レベルの変更も検討します。

- ■ リアーキテクト

  最後のリアーキテクトとなる監査用途と運用用途を分ける施策は、後から実施することが難しい施策です。ですので、このようなシステムの根幹にかかわる変更はそもそも最初に検討しておくのが正しい対応です。とはいえ、あとから直すケースもあります。そのような場合、データの欠損が起こらないよう注意して移行作業を行うようにします。

- 横断組織としてのアプローチ

　　横断組織として会社全体のコスト削減を行う一貫で各プロジェクトへ入っていく場合、各プロジェクトに対しては本章で挙げたような施策を提案してプロジェクト側で実施をしてもらう形が多いかと思います。横断組織として運用作業の集約を提案することも考えられます。この場合、横断組織の裁量が効くリソースとなるため、前述した優先度でコスト削減を狙っていくことになります。

各プロジェクトチームの場合

　プロジェクトが実施できるアプローチはこれまで各リソースのコスト削減で紹介したのと同じであらゆる施策が適用可能です。実施順に関しては少し検討が必要ですが、大まかな優先順の考え方は、横断組織で紹介した横断組織所有リソースのコスト削減の考え方と同じです。

　まず行うのは不要なログや関連するリソースの削除です。続いて行うのはライフサイクル管理を適用した価格レベルの見直しです。ここまで終われば価格見直しが適用できます。

　リアーキテクトに関しては他のリソースでも解説したとおり、基本的に適用はできるものの実際に適用するためには修正コストや効果の課題が解消された場合に限り適用できる施策になります。

9.6
まとめ

　本章では、クラウド環境の運用コストを最適化するための具体的な方法を詳述しました。以下のポイントが重要です。

　まずはリソースの削除について紹介しました。不要リソースを削除することはコスト削減の基本です。運用関連のリソースとして、ログ保管ストレージ、アラート、ダッシュボードなどの削除方法とその際の注意点について説明しました。

　続いてより効率的なリソースの活用という観点から、ライフサイクル管理を通じたリソースの利用効率を最適化する方法を紹介しました。古いログを安価なストレージに移動させたり、不要なログを削除することでコスト削減を図ります。

　監査ログと運用ログの適切な分離が重要であることを説明しました。ログをその目的ごとに分類し、保管方法を見直すことで、長期保管コストを削減する手法を紹介しました。

　これらの手法を実践することで、クラウド運用におけるコストを効果的に管理・最適化できるようになります。

10章

継続的コスト最適化

継続的コスト最適化は、クラウド環境を効果的に管理し、不要なコストを削減するための重要なプロセスです。本章では、クラウドコストを最適化するためのさまざまなアプローチと、その実施方法について詳しく解説します。まず、プロアクティブアプローチとリアクティブアプローチという2つの主要な戦略を紹介し、それぞれの特徴と利点について説明します。また、システム開発時および運用開始後におけるコスト最適化の実施タイミングや方法についても取り上げます。さらに、定期的なコストレビューの重要性とその実施頻度、メンバー構成、レビュー観点について詳述します。コスト管理ツールの活用方法や、適切なダッシュボードの設置方法も具体例を交えて紹介します。次に、情報収集の必要性についても触れ、技術革新やサービス改善への対応方法、新しい価格プランへの追従方法について解説します。最後に、クラウドサービスが提供するイベントや技術コミュニティとの交流を通じた情報収集の方法についても言及し、実際のケーススタディの分析を通じて学ぶ方法を提案します。本章を通じて、クラウドコストの継続的な最適化のために必要な知識と実践方法を総合的に学びましょう。

10.1

継続的なコスト最適化の重要性

コスト最適化は一度実施して終わりではなく、継続的に取り組むことがビジネスの競争力を維持する鍵です。市場の変化や技術革新が日々進む現代では、一度の成功に安住していると、無駄なコストが再び発生し、長期的なコスト健全性が損なわれる可能性があります。本節では、コスト最適化を継続的に行う重要性を解説し、そのための具体的なアプローチについて紹介します。

なぜ継続的に実施するのか

昨今のビジネス環境はかなりの早さで変化を続けているような状況です。市場の

継続的なコスト最適化の重要性 **10.1**

競争が激化し、新しい技術が次々と登場する中で、企業が競争力を維持するには、コストを適切に管理していくことが不可欠です。本書で紹介したような各種テクニックを一度適用してコストダウンが成功すると満足してしまいがちです。しかし、一度のコスト削減で満足してしまうと、短期間での無駄が再び積み重なり、長期的なビジネスの健全性という観点だと、悪影響を及ぼす可能性があります。

　ここでは、コスト最適化を継続的に実施する重要性について、以下の2観点から掘り下げてみます。

- 市場や技術の変化
- 参加者全員のコスト意識

■────市場や技術の変化

　現代の市場は、技術の進化や競争環境の変化により、環境が常に動いています。たとえば、クラウドサービスを利用している企業は、クラウドサービスプロバイダーの料金体系や機能の更新に追随しなければなりません。適切なリソースを選択し続けるためには、従来のコスト構造に固執せず、柔軟かつ迅速に対応する能力が求められます。

　変化に追随しない場合、不要なリソースの維持やコストの非効率的な運用が発生し、ビジネスの競争力に影響を与える可能性が出てきます。このようなリスクを防ぐには、常に最新の市場情報や技術トレンドを把握し、コスト最適化に活用するしくみを作り込むことが必要になってきます。

■────参加者全員のコスト意識

　コスト最適化は経営層だけの取り組みでは成功しません。現場の社員一人ひとりがコスト意識を持ち、自分たちの設計や実装がどのようにコストに影響を与えるのかを理解することが重要です。しかし、多くの組織では、コストに関する情報が社員に十分に共有されず、現場が意識を持ちにくい環境が課題となっています。

　ほとんどの担当者はコストと言われてもピンとこないものです。そんな中、納期に追われ、動けばいいやで設計や実装が進められると、これまでに紹介してきたコスト最適化とは真逆のコストがかかる設計や実装となってしまいがちです。小さなコストを無視した設計や実装の積み重ねが、長期的にみると大きなコスト負担としてのしかかってきます。慣れてるからといった理由だけで現状維持していると、システムの陳腐化だけでなくコスト増加にもなってしまいますので、新しい情報を得ながら新しいしくみやサービスの利用に挑戦していくことが大切です。

241

10 継続的コスト最適化

継続的にコスト最適化を行うため

前述のとおり、コスト最適化は一度で終わりではなく、継続していくことに意味があります。文化となるまでは時間もかかりますが、しくみとして組み入れることが最初の一歩です。今回は、継続的にコスト最適化が続けられる具体的な施策として、以下の2つを紹介していきます。

- コストレビュー
- 情報収集

10.2 コストレビュー

クラウドコストの見直し方法は、プロアクティブアプローチとリアクティブアプローチに分けられます。プロアクティブアプローチでは事前のレビューでコスト増加を予防し、リアクティブアプローチではコストアラート後に対応します。定期的なコストレビューの頻度、参加メンバー、レビュー観点、コスト管理ツールの活用方法について解説します。

コストレビューの実施タイミング

クラウドコストを見直すタイミングは大きく2つのアプローチに分けて考えられます 図10.1 。

- プロアクティブアプローチ
- リアクティブアプローチ

図10.1　プロアクティブアプローチとリアクティブアプローチ

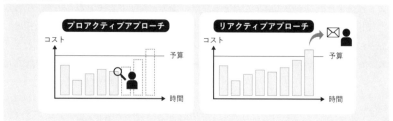

■——— リアクティブアプローチ

リアクティブアプローチ（*reactive approach*, 後手の対応）はコストアラートが発報してから対応を行っていく反応的なアプローチです。コストアラートが発生してからその原因分析と対応を行っていく方法で、通常のコスト管理でよく見かける対応です。本書でもこれまでに多く解説して来た内容です。

一方、**プロアクティブアプローチ**（*proactive approach*, 先手の対応）は、予期せぬコスト増加を起こさないよう、コスト増加が起こる前に事前レビューを行って予防を行っていくアプローチです。アラートを起点にコスト分析と対策を行っていくリアクティブアプローチも大切ですが、より積極的にコスト最適化を狙っていく場合、プロアクティブアプローチも実施していく必要があります。

■——— プロアクティブアプローチ

プロアクティブアプローチにはさらに2つの実施タイミングがあります。一つはシステム開発時、もう一つはシステム運用開始後です 図10.2 。

図10.2 開発時の最適化と運用時の最適化

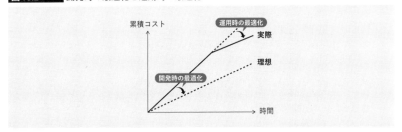

システム開発時にはさまざまな予測を含んだ状態でコスト見積もりとシステム構築を行うため、コスト最適化されているとは言えない状態が普通です。本来であれば、開発時から可能な限りぎりぎりのパフォーマンスで動作できる状態がコストとしては最適化された状態ですが、どうしてもある程度の余剰コストは許容せざるを得ません。

システム運用開始後からは実データが収集できるため、より精度の高いコスト最適化が狙えます。定期的にコストレビューを実施することで、理想とするコスト最適化状態へ近づけられるよう原因分析と対応を繰り返していきます。

■——— どちらを重点的に取り組むのか

コスト最適化は開発時の最適化と運用時の最適化のどちらか片方だけ実施すれば良いというわけではなく、開発時にコスト最適化をある程度考えつつ、実運用が始まってからも定期的にコストレビューを実施してコスト最適化を継続的に実施して

いくことが大切です。以降ではとくに運用が始まってからのコストレビューについて紹介をしていきます。

コストレビュー実施のポイント　頻度、メンバー

実際に運用の中で定期的なコストレビューを行っていく場合、どのようなことを考える必要があるのか、紹介していきます。

定期的に実施するコストレビューの頻度は、以下のようにいくつかの要因に依存して変わってきます。

- **ワークロードの複雑さ**
  ワークロードが単純な場合、クラウド都合による影響も受けにくいが、ワークロードが複雑になると利用するサービスも増えるためクラウド都合による影響が出やすくなる。たとえば、為替はわかりやすい例であるし、ネットワークやセキュリティのサービス内容変更、既存提供サービスの終了などがコストに影響してくる。とくにサービス終了はシステムに対する何かしらの移行措置をとる必要があるが、場合によってはコスト増加につながるケースもある。こうした状況を懸念するのであれば、1ヵ月といった短い間隔でコストレビューおよび利用サービスに関する情報収集を行っていく必要があるだろう

- **ライセンス契約期間**
  ライセンス更新タイミングや予約割引の期間もコストレビュータイミングを検討する材料の一つ。次回の更新タイミングの直前にあわててコスト最適化を実施しようとしても時間が短いとうまくいかない。あらかじめ基準となる期間より短い期間でコストレビューおよびコスト最適化を実施することで、さらなるコスト削減が目指せるようになる。ライセンス契約期間や予約割引期間を基準に考える場合、その期間の半分以下の間隔でコストレビューを行うことが望ましいタイミングである

- **ビジネス上の重要性**
  コストレビューを実施するサイクルを検討する材料は前述のようにいくつかあるが、ビジネス状況は変化が激しいため、可能な限り月単位くらいではレビューすることがお勧め。とくに決まったタイミングが見当たらない場合も、月次などで運用している定例に合わせる方法が実施しやすい

■──── コストレビューメンバー

コストレビューを実施する際、ついやってしまいたくなるのが運用メンバーのみでのコストレビューです。実施自体を運用メンバーで行ってもよいですが、大切なのは事業側のメンバーも参加ないし関与してもらうようにすることです。

システムはあくまでビジネス（お金儲け）の手段であって構築や運用を行うことが目的ではありません。事業側が作成する予算計画に従って運用し、予測どおりことが運べば売上を上げていけるわけです。実際はすべて想定どおりに事が進むようなことはありません。事業計画どおりにいかないこともあれば、システム側が予想よりもコストがかかってしまうような場合もあります。

コストレビュー **10.2**

つまり、事業側とシステム運用側の両者が揃ってコストに関してレビューを行うのが理想的です。

コストレビューの観点

定期的なコストレビューにおける観点には以下のようなものがあります。

- 予算内に収まりそうか
- 想定していない利用実績がないか

上記のレビュー観点は基本的な観点なので、最低限これら2観点については確認するようにします。

■──── 予算内かどうか

予算・実施の観点では、四半期や半期、1年といったタイミングの予算に対して消化状況を確認します。毎月単位で確認しようとすると、月によって日数が異なったり（30日と31日の月ではシステム稼働時間が違う）、営業日数が異なったり（夏季休暇や年末年始が入ると営業日数が変わる）するため、単純比較ができません。月単位の数値はある程度の差があることを認識してみる必要があります。もう少し長い四半期や半期、1年といった単位で予算・実績を見る方が細かな変動を無視した傾向が読み取りやすくなります。

■──── 想定外はないか

もう1つ気にする観点は想定していない利用実績がないかというものです。通常、イベントごとがあれば利用実績が一時的に増加することがあります。利用実績が増加したことについて把握済でテレビやSNSでの紹介によるものと判明している場合は問題ないですが、まれに運用メンバーによる誤構築でコスト増加しているケースがあります。こうした利用実績を検知した場合、速やかに不要なリソースを削除してコスト削減に努める必要があります。

■──── レビュー例

たとえば、あるeコマース企業において、システムのスケーラビリティと高可用性が重要な要素であり、日々の運用にてクラウドリソースを必要としていたとします。このような環境において、事業側がシステム運用側に断りなく広告キャンペーンを実施して、サイトへのアクセスが急増したとします。想定しない状況が発生し、場合によっては予算超過の状況が見えてきているので、このような状況においてコストレビューの中でシステム運用側と事業側で対応について協議が必要になります。

245

10 継続的コスト最適化

コスト管理ツール

コスト分析を行う際に基本となるのは各クラウドサービスが提供するコスト管理ツールに付属するコスト分析ツールです。機能が不足するようであればサードパーティ製のBIツールを利用することも検討します。これらツールを利用すると基本となる時間経過によるコスト推移やサービスごとのコスト、その比率などが簡単に分析できます。

■——— クラウドサービスが提供するコスト管理ツール

各クラウドサービスはコスト管理を支援する画面(コスト分析ツール)を基本的に用意してくれています 表10.1 。

表10.1 コスト管理ツール

クラウドサービス	コスト管理ツール
Amazon Web Services (AWS)	Billing and Cost Manager └ Cost Explorer
Microsoft Azure	コストの管理と請求 └ コスト分析
Google Cloud	お支払い └ 費用内訳(*Cost Breakdown*)

定期的なコストレビューを実施する場合、クラウドサービスが提供するコスト分析ツールでも良いのですが、ダッシュボードがあるとより便利になります。たとえば、毎月決まった分析を行うので固定のUIで分析したいような場合、ダッシュボードを準備しておくと分析の手間が簡素化できます。クラウドサービス提供のコスト分析ツールでも可視化およびダッシュボードもサポートしていたりします。よく使うのであれば、そうした画面をダッシュボードとして閲覧できるようにしておくと便利です。

■——— サードパーティ製分析ツールの利用

クラウドサービスが提供するダッシュボードでも十分対応できますが、以下のようなBIツールを利用すると公開の柔軟性や使い勝手などさまざまな点で改善が見込めることがあります。たとえば、組織全体のコストを集計したうえで分析したいといったケースの場合、クラウドサービスのツールだけだと合算が難しい場合があります。こうした場合、サードパーティ製BIツールに情報を集めて集計することで分析を可能とします。

情報収集 **10.3**

- Power BI, Fabric（Microsoft）
- Tableau
- Metabase
- Domo
- Qlik Sense

■──── **どちらを使うべきか**

　各クラウドサービスが提供するコスト管理ツールに付属するコスト分析ツールを
まず利用しますが、機能が不足する場合はサードパーティ製のダッシュボードも検
討します。サードパーティ製のツールを利用する場合、追加コストやデータ連携部
分の作り込みなど追加となることがいくつか出てきます。そのため、まずはクラウ
ドサービス提供のもので足りるかどうかを判断するのが大切です。

　いったんどのようなやり方にするか決まりさえすれば、あとはプロジェクトの要
件に応じてダッシュボードをカスタマイズし、重要なコスト指標を一目で確認でき
るようにしていきます。

10.3
情報収集

　クラウド技術は常に進化しているので最新情報のキャッチアップも重要です。コ
スト最適化の観点からも技術革新やサービス改善への追従、価格プラン変更への対
応が求められます。本節ではそうした最新情報をどのように収集するのか、具体的
な方法について紹介します。

情報収集の必要性

　クラウドに関わる技術やプラットフォームは常に変化しているため、クラウド上
で動作するシステムの最適化を行うためには、その時々の変化にあわせて対応して
いく必要があります。そのため、クラウドに関わる最新の情報をキャッチアップす
ることはコスト最適化の観点からも重要です。以下ではコスト最適化の観点から新
しい情報に追従していきたいポイントについて紹介します。

■──── **技術革新やサービス改善への追従**

　クラウド技術は日々進化しており、新しいサービスや改善が頻繁にリリースされ

247

ています。新しい技術やサービスはこれまでうまくできなかったことや時間・コストがかかっていたことをより簡易に実現できるようにしてくれます。つまり、開発だけでなく運用作業という観点でも利便性が向上すれば、システムの保守メンテナンスにかかるコストを下げることができ、結果としてコスト最適化につながっていきます。これらの進化に遅れを取らないよう、最新のアップデートや機能を常にチェックし、適用することがコスト最適化の観点からも重要になってきます。

■——— 価格プラン変更や価格変動への追従

クラウドプロバイダーは価格変更や新しい料金プランを定期的に導入しています。たとえば、同一スペック(CPU、メモリ)でも時間単価の安い仮想マシンが出てくる、これまではフルスペックで過剰なコストになっていたサービスに自分たちの要件にあう廉価版料金プランが出てくるなどです。こうした情報をキャッチアップすることで、コスト削減の新たな機会を見つけ出すことができます。また、利用しているサービスで求められる要件にあうのであれば、迅速にプランを見直し、コスト効率の良い運用に変えていくことができます。

情報収集の方法

新サービスや新機能の適用ないし、新価格プランの適用といったことを行うにしても、元となる情報を仕入れてくる必要があります。本節ではクラウドコスト最適化という観点から新しい情報をどのようにして取得するのか、について紹介していきます。

■——— クラウドサービスが行うイベントへの参加

クラウドプロバイダーからの定期的なアップデートには、コスト削減を可能にする新機能や改善、新しい価格プランなどが含まれていることがあります。各クラウドサービスはこうした新機能や新プランを自社のメディアで通知もしますが、6章で触れたように大きな変更に関しては自社開催するイベントで告知されます。たとえば、AWS re:Invent や Microsoft Ignite、Google I/O といったイベントです。こうしたイベントに参加すると新しいツールや価格設定オプションの情報を得られますし、利用する際のユースケースや活用方法などもあわせて紹介されるため、効率的に情報収集することが可能です。こうしたアップデート情報を収集し、それらが自社のインフラにどのように利益をもたらすかを考え、適用していくことがコスト最適化の観点からも重要です。

- Amazon Web Services（AWS）➡ AWS re:Invent, AWS Summit, AWS Innovate, AWS Dev Day
- Microsoft Azure ➡ Microsoft Ignite, Microsoft Build
- Google Cloud ➡ Google I/O
  Google Cloud Next

■——— 技術コミュニティとの交流

技術コミュニティ、フォーラム、オンライングループに参加することで、他の開発者やシステム運用者から直接的な意見やフィードバック、アドバイスを得ることができます。このようなコミュニティでは、新しい知見や解決策が共有され、同様の課題に直面している他の組織とのネットワーキングの場となります。技術イベントには以下のようにいくつか種類があります。自分の学び方にあったイベントに参加してみるのが良いでしょう。

- カンファレンスタイプ
  登壇者がセミナー形式でイベントテーマに沿ったプレゼンを行う。基本的に聴講なので、初心者でも参加しやすいイベント形式。参加者はプレゼンを聞き、Q&Aや後で行われる懇親会などで意見交換できるケースも多い

- ハッカソンタイプ
  参加者はイベントテーマに沿った開発を決められた時間内に実施していく形式。実際に手を動かして体験するもので、わからないことがあった際に周囲の知見者やサポート担当者から助けが得られるため、技術として身につきやすいイベント

- もくもく会タイプ
  参加者がテーマに沿った作業を一ヵ所に集まって各々で進めていく自習形式。他の参加者に相談することもできるイベントなので、一人で進めづらいことを進めたいときに適している

こうしたイベントやコミュニティに参加する場合は、以下のような技術イベントの紹介サイトを経由すると比較的敷居が低くなりはじめての方にとっても参加しやすいと思います。

- connpass **URL** https://connpass.com
  特徴 グループ参加すると新規イベントの告知が受け取れる
- TECH PLAY **URL** https://techplay.jp
  特徴 他サイトで紹介されるイベント含めて幅広く探せる
- Doorkeeper **URL** https://www.doorkeeper.jp
  特徴 有償イベントでもよく採用されている

■——— 教育とトレーニングの実施

クラウドコスト管理に関連する最新のトレンドや技術について学ぶために、ウェ

ビナーやオンラインコース、ワークショップを利用する方法もあります。外部組織や団体が実施する教育やトレーニングは体系だった学習が行えるため、足りない知識も含めて補うことが可能です。また、外部の教育やトレーニングでは実践的な内容を含むことが多く、単純な知識だけでなく現場ですぐに適用できるような経験を得られることが他とは異なります。こうしたトレーニングに参加し、知識や技術を更新することで、業界のベストプラクティスに沿って自社の戦略を調整することができます。

外部研修を提供する企業が実施するものは単価が高くなりがちですが、最近では個人が提供する研修やオンラインで学習するしくみなども出てきており、以前に比べて取り組みやすい環境が整ってきました。こうしたトレーニングを実施する際も予算や個人の状況にあったものを選んでみると良いでしょう。

研修やトレーニングの提供元を挙げておきます。

- トレノケート　**URL** https://www.trainocate.co.jp
  IT研修、ビジネス研修、資格取得研修などを幅広く提供する人材育成専門企業
- 富士通ラーニングメディア　**URL** https://www.knowledgewing.com/kw/
  企業の人材と組織の育成を支援することを使命とした企業
- パーソル総合研究所　**URL** https://rc.persol-group.co.jp
  人と組織に関する広範な調査研究および人事コンサルティングを提供する企業
- ストリートアカデミー　**URL** https://www.street-academy.com
  教えたい人と学びたい人をつなぐマーケットプレイス。さまざまなスキルや知識を持つ個人が教師となり、小規模なクラス形式で直接指導を行う
- Udemy　**URL** https://www.udemy.com
  世界中でアクセス可能なオンライン学習プラットフォーム。学習者は自分のペースでIT技術、ビジネススキルなどさまざまな分野について学べる

■───ケーススタディの分析

クラウド事業会社は自社クラウドの利活用状況を告知するためにモデルケースとなる企業のプロジェクトや案件を事例として公開しています。内容によってはクラウドサービスが実施するイベントで紹介されたりもします。こうしたケーススタディ情報を元に、他の企業がクラウドをどのように管理し、最適化しているか研究し、自社適用していく方法もあります。これらケーススタディから得られる情報は、実際にクラウド活用して苦労した企業の知見が詰まった内容であり、自社のクラウド利活用を最適化していく際に重要な参考情報となり得ます。とくに、似たような業界や規模の企業からの学びは、実践的なガイダンスになります。

- Amazon Web Services（AWS）
  URL https://aws.amazon.com/jp/solutions/case-studies/

- Microsoft Azure
  URL https://azure.microsoft.com
- Google Cloud
  URL https://cloud.google.com/customers/

10.4
まとめ

　本章では、クラウドコストの継続的な最適化について大きく2点、詳しく取り上げました。

　1点めは**コストレビュー**についてです。コストレビューの実施タイミングとして、事前の対策を行うプロアクティブアプローチと、問題が発生してから対応するリアクティブアプローチの2つの方法を紹介しました。続いて、定期的なコストレビューの頻度やメンバー構成、レビュー時の観点について説明しました。レビュー頻度はワークロードの複雑さやライセンス契約期間、ビジネスの重要性に依存します。レビュー観点には、予算内に収まるか、想定外の利用実績がないかといったものがありました。さらに、コスト管理ツールの活用方法についても取り上げました。各クラウドサービスが提供するコスト分析ツールを利用し、必要に応じてサードパーティ製のBIツールを導入することで、より効率的なコスト管理を目指します。

　2点めとして**情報収集**についても紹介しました。クラウド技術は常に進化しているため、そうした進化に対応するための情報収集が重要です。技術革新やサービス改善への対応、価格プラン変更をキャッチアップし、追従していくことでコスト最適化のきっかけをつかむことができます。情報収集の方法としては、クラウドサービスのイベント参加や技術コミュニティとの交流、教育とトレーニングの実施、ケーススタディの分析を紹介しました。

　本章で紹介したような手法を用いて、**継続的なコスト最適化を実施する**ことで、クラウド利用のコストを効果的に管理し、ビジネスの競争力を高めていきましょう。

索引

数字/アルファベット

2:8の法則 123
AI 4
AMD 140
Apache 160
ARPAnet 4
AWS 2, 4
AWS Cost Anomaly
Detection 91
AWS Cost Explorer 96
AWS Dev Day 249
AWS Innovate 249
AWS Lambda 83
AWS re:Invent 161, 248
AWS Summit 249
AWS Trusted Advisor 112
Azure 2, 4
Azure Advisor 112
Azure Blob Storage 170
Azure Files 171
Azure Functions 83
Azure Managed Disks 169
Azure コスト分析 96
Bシリーズ(Azure) 141
B/S 26
Backup Vault(AWS) 129
Base64エンコード 208
BC/DR 75
BIツール 97, 246
Blob Storage 128
BYOL 154, 205
CaaS 148
CapEx 154
CCPA 17
CDN 160

CentOS 156
CF 26
CI/CD 117, 151
Claude 74
CLIツール 84
Cloud Adoption Framework
.... 10, 49
Cloud Functions 83
Cloud Storage
(Google Cloud) 128, 170
Compute Engine
(Google Cloud) 127, 146
connpass 249
Cost Explorer(AWS) 246
CPUメーカー 140
CPUリソース 128
CRM 169
DBストレージ 214
DDoS 114
Domo 247
Doorkeeper 249
DX 47
E2共有コア
(Google Cloud) 141
EBS(AWS) 129, 169
EC2 .... 127, 146
EFS(AWS) 171
Elastic IP(AWS) 129
ERP 169
ESXi 3
EU 158
FaaS 83, 147
Fabric 247
Filestore
(Google Cloud) 171
FinOps 69, 105
GDPR 17, 158
Go 151
Google Cloud 2, 4

Google Cloud Next 249
Google I/O 161, 248
GPT 74
GPU付き仮想マシン 90
HDD 128
Hyper-V 3
IPS 114
IaaS 4, 7, 145, 146
IaaSデータベース 189, 215
IDS 114
Intel 140
IPアドレス
(Google Cloud) 129
IPA 118
Java 151
Linux 151
MACC 105
Managed Disk(Azure) 129
Metabase 97, 247
Microsoft Azure Consumption
Commitment 105
Microsoft Build 249
Microsoft Ignite 161, 248
MySQL 156, 196, 211
NAT Gateway 90
nginx 160
Node.js 151
NUP 206
Oracle Database 205
ORDBMS 211
OSS 155
P/L 26
PaaS 4, 7, 145, 147
PaaSデータベース 190, 216
PCI DSS 174, 224
Persistent Disk
(Google Cloud) 129, 169
PoC 21, 45, 51, 127, 151
PostgreSQL 156, 196, 211

索引

Power BI 63, 80, 97, 247
Processor 206
Qlik Sense 247
RBAC 79
RDS 196
Recommender
(Google Cloud) 112
Recovery Service Container
(Azure) 129
Redis 214
ROI 11, 74
RPO 157, 174
RTO 157, 175
S3 (AWS) 128, 170
SA 205
SaaS 8, 45, 145, 148
SKU 49
SLA 66, 156
SLO 66, 156
SMA 90
SQL Server 196, 205
SSD 128
Tシリーズ (AWS) 141
Tableau 80, 97, 247
TECH PLAY 249
TSS 3
Ubuntu 156
Udemy 250
UX 98
Virtual Machines
(Azure) 127, 146
VMware 3
WAF 89, 114
Webシステム 22
Well Architected
Framework 13, 49, 75, 113
Windows 151

あ行

アウトバウンド 159
アーカイブ 233
アカウント集約 71, 78
アーキテクチャフレームワーク
.... 113
アクセス権 77, 79
アクセス権設定 71
アプリケーションログ 222
アラート 12, 117, 228
アラート設定 72
アラートルール 92
異常 91
一般データ保護規則
➡GDPR 17
移動平均 90
イベント 138
インジェスト 227, 230, 231
インバウンド 159
インフラ調達 37
インメモリデータベース 214
運用コスト 9, 21, 220
運用ログ 110, 223, 225
運用化 69
運用効率化 15
運用自動化 76
エッジコンピューティング 4
閲覧用権限 79
エンハンス開発 111
横断組織 103
オープンソースソフトウェア
.... 155
オブジェクトストレージ
.... 128, 170
オンデマンド 5
オンデマンドインスタンス ... 143
オンプレミス 2, 145
オンプレミス回帰 54

オンプレミス環境 39

か行

会計と税務 43
会計上の特性 38, 39
会社会計 26
会社全体 103
開発コスト 21
価格見直し 152
課金 227
可視化 58, 62, 69, 70
仮想マシンのモデル 142
仮想化技術 3
課税所得 30
為替 25, 244
監査 225
監査ログ 223
監視 117
間接法 42
完全バックアップ 196
カンファレンス 249
管理用権限 79
機械学習 4, 91
機密情報 84
キャッシュ 159
キャッシュフロー計算書 28
キューサービス 202
近接配置 159
クラウドコスト 38
クラウドコスト管理 23
クラウドサービス 2
クラウド導入フレームワーク
➡Cloud Adoption
Framework
クラウド利用料 42
クレジットカード 174, 224
クレジット上限 142
月末 88
減価償却 34

253

研究開発 45
高価なデータベース
　ソフトウェア 205
高信頼性 6
互換性 141
コストモニタリング 111
コストレビュー 242
コストレビューメンバー 244
コスト異常検出 91
コスト管理 16
コスト構造 9
コスト最適化 15, 102
コスト最適化支援ツール 112
コスト占有率 122
コスト対効果 119
コスト分析（Azure） ... 124, 246
固定資産 34
固定資産税 30, 33
コラボレーション 98
コンピュート 110
コンピュートコスト 126
コンプライアンス 10, 229

さ行

最適化 69
財務三表 26
削減コスト 120
削除ポリシー 178
サーバーレスアーキテクチャ
　...................................... 4
差分バックアップ 196
仕掛品 46
閾値 86
資産 43
自社開発 44
システムランタイム 151
システムログ 222
システム影響 122
実測値 86

自動シャットダウン 131
自動スケール 134
集計単位 86
柔軟性 9
従量課金制 5, 9
初期投資 38
初期導入コスト 9
消費者プライバシー法
　➡CCPA 17
使用量 73
冗長性 75, 180
人件費 118
情報収集 247
信頼性 14, 75
推奨事項ツール 112
垂直スケール 133
水平スケール 134
スケーラビリティ 5, 9
スケーリング 117
スケールアウト・スケールイン
　...................................... 5
スケールアップ・
　スケールダウン 5
ストリートアカデミー 250
ストレージ 110
ストレージクラス 176
ストレージコスト 168
ストレージタイプ 215
ストレージリソース 128
スナップショット 128
スポットインスタンス 143
精度向上 51
製品化 45
静的コンテンツ 170
税務 43
責任共有モデル 7
セキュリティ 6, 10, 15, 75, 229
設備資金融資 41
増分バックアップ 196

組織構造 23
ソフトウェア（開発中） 46
ソフトウェア（定義） 43
ソフトウェア開発費 43
損益計算書 27

た行

タイムシェアリング 3
耐用年数 35
帯域料金 159, 213
ダウングレード 233
ダウングレードポリシー 178
ダウンタイム 141
タグ 12, 81
タグ整備 71
ダッシュボード 12, 72, 94, 228
建物 41
地図データ 98
直接法 42
通信費 46
ティア 176
定額法 36
定期メンテナンス 117
定率法 36
データ圧縮 160
データソース 98
データベース 110
データベースコスト 188
デプロイ 117
電子機器 42
土地 40
トレードオフ 118
トレノケート 250

な行

二重払い 207
認証 6
野良アカウント 104

は行

バイナリデータ 207
ハイブリッドクラウド 48, 57
ハイブリッド特典 206
バージョニング 175
バーストタイプ 141
パーソル総合研究所 250
ハッカソン 249
バックアップ 128, 229
バックアップツール 175
パッケージ（ソフトウェア） 44
バッチ処理 144
ハードウェア 9
パフォーマンス 14, 76
パブリックIPアドレス
　（Azure） 129
バランスシート 27
パレートの法則 123
非機能要求グレード 118
非機能要件 75
必要コスト 120
備品 46
費用 43
費用内訳（Google Cloud）.. 246
費用管理（Google Cloud）.... 96
ビルド 117
頻度を上げる 137
ファイアーウォール 90
ファイルストレージ 170
ファイル共有 171
ファシリティ 7, 9
不動産 40
富士通ラーニングメディア .. 250
プロアクティブアプローチ 243
プロジェクトチーム 103
ブロックストレージ ... 128, 160, 169
フロントエンド 22
冪等 134

ベンダーロックイン 39
法人事業税 30, 32
法人住民税 30, 32
法人税 29, 30
ポリシー設定 12
ボリュームディスカウント
　（AWS） 183

ま行

マシンイメージ
　（Google Cloud） 129
マスターデータ 173
マルチクラウド 4, 48, 57
マルチテナント化 161
無形 43
目標コスト 73
目標設定 71
メインフレーム 3
メトリック 135, 220, 225
もくもく会 249
モダナイズ 208
持ち込みライセンス 154
モデルシステムシート 118
モデル見直し 139
モニタリングサービス 228

や行

有形 43
有料 137
予算 88
予算計画 47
予算消化 85
予算超過 52
予測値 86
予測不可能 39
予約 73
予約購入 152
予約容量（Azure） 183

ら行

ライセンスコスト 209
ライセンスポリシー 206
ライセンス契約期間 244
ライフサイクルポリシー 178
ライフサイクルルール 178
リアーキテクト 126
リアクティブアプローチ 243
リザーブド 73
リージョン見直し 158
リテンション 227, 231, 232
レプリケーション 198
労務費 46
ログ 220
ログレベル 231
ログ検索 227
ログ保管ストレージ 228
ロードバランサー 22, 90
ロールベースのアクセス許可
　................................... 98

わ行

ワークロード 244
割引 235
割引プラン 183

255

●著者プロフィール

津郷 晶也　Tsugo Akinari

㈱グローサイト 代表取締役。クラウドシステムの設計／開発を専門としている。NSSOL（日鉄ソリューションズ）やリクルートなどで10年以上にわたりシステム開発を経験。現在、クラウド活用のコンサルティングを行う一方、セキュリティや生成AIに関する教育コンテンツの作成に従事。

デザイン	西岡 裕二
DTP	酒徳 葉子（技術評論社）

［PM＆スタートアップのための］はじめてのクラウドコスト管理
インフラコスト×会計の基本

2025年4月1日　初版　第1刷発行

著者	津郷 晶也
発行者	片岡 巖
発行所	株式会社技術評論社 東京都新宿区市谷左内町21-13 　電話　03-3513-6150　販売促進部 　　　　03-3513-6158　法人営業課 　　　　03-3513-6177　第5編集部
印刷／製本	日経印刷株式会社

●本書の一部または全部を著作権法の定める範囲を超え、無断で複写、複製、転載、あるいはファイルに落とすことを禁じます。

●造本には細心の注意を払っておりますが、万一、乱丁（ページの乱れ）や落丁（ページの抜け）がございましたら、小社販売促進部までお送りください。送料小社負担にてお取り替えいたします。

©2025　Tsugo Akinari
ISBN 978-4-297-14788-4 C3055
Printed in Japan

■お問い合わせについて

本書に関するご質問は記載内容についてのみとさせていただきます。本書の内容以外のご質問には一切応じられませんのであらかじめご了承ください。なお、お電話でのご質問は受け付けておりませんので、書面または小社Webサイトのお問い合わせフォームをご利用ください。

〒162-0846
東京都新宿区市谷左内町21-13
㈱技術評論社
『はじめてのクラウドコスト管理』係
URL https://gihyo.jp/book/（技術評論社Webサイト）

ご質問の際に記載いただいた個人情報は回答以外の目的に使用することはありません。使用後は速やかに個人情報を廃棄します。